空间柔顺机构
综合方法与应用

林 盛 著

北 京
冶 金 工 业 出 版 社
2020

内容提要

本书系统介绍了空间柔顺机构综合方法及其在椭圆振动切削装置设计中的应用。空间柔顺机构综合方法主要介绍了基于自由度约束互补拓扑综合方法和平面曲梁柔顺机构综合方法，及应用这两种方法设计的三维椭圆振动切削装置。实验验证了柔顺机构综合方法设计三维椭圆振动切削装置的可行性。

本书可供机械及相关专业的技术人员参考，也可供高等高职院校相关专业师生参考。

图书在版编目(CIP)数据

空间柔顺机构综合方法与应用/林盛著．—北京：冶金工业出版社，2019.9（2020.10重印）
ISBN 978-7-5024-8213-8

Ⅰ.①空…　Ⅱ.①林…　Ⅲ.①柔性结构—机构综合
Ⅳ.①TH112

中国版本图书馆CIP数据核字(2019)第178920号

出 版 人　苏长永
地　　址　北京市东城区嵩祝院北巷39号　邮编　100009　电话　(010)64027926
网　　址　www.cnmip.com.cn　电子信箱　yjcbs@cnmip.com.cn
责任编辑　卢　敏　美术编辑　郑小利　版式设计　禹　蕊
责任校对　王永欣　责任印制　禹　蕊
ISBN 978-7-5024-8213-8
冶金工业出版社出版发行；各地新华书店经销；北京中恒海德彩色印刷有限公司印刷
2019年9月第1版，2020年10月第2次印刷
169mm×239mm；7印张；138千字；103页
39.00元

冶金工业出版社　投稿电话　(010)64027932　投稿信箱　tougao@cnmip.com.cn
冶金工业出版社营销中心　电话　(010)64044283　传真　(010)64027893
冶金工业出版社天猫旗舰店　yjgycbs.tmall.com
（本书如有印装质量问题，本社营销中心负责退换）

前　言

本书内容主要来源于国家自然科学基金面上项目“高性能大变形空间曲梁柔顺机构综合方法研究”（项目编号：51775078）、国家自然科学基金青年项目“基于混合约束的多自由度并联柔顺微位移工作台综合方法研究”（项目编号：51105050）及辽宁省教育厅项目“考虑多源不确定性的三维椭圆振动切削装置优化设计方法研究”（项目编号：JDL2016027）的部分成果，主要介绍空间柔顺机构的综合方法以及空间柔顺机构在三维椭圆振动切削中的应用。主要内容包括：

（1）阐述了自由度约束拓扑理论中自由度空间、约束空间的构建过程，给出了并联柔顺机构刚度矩阵的推导过程，并对柔顺机构的各向同性度、力灵敏度等性能指标进行了分析。基于热弹性理论，建立了并联柔顺机构热平衡方程，求解出力等效节点热载荷和力矩等效节点热载荷。分别对圆柱形柔顺单元、正方形柔顺单元和片形柔顺单元建立灵敏度优化模型和各向同性度优化模型，实现了对并联柔顺机构参数的多目标优化。开发出了可视化的多自由度并联柔顺机构设计软件，介绍了 3 个模块的主要功能和操作，并用此软件设计出三自由度的并联柔顺机构样机。

（2）详细介绍了圆弧曲梁柔顺单元的刚度矩阵解析解，利用等几何方法对曲梁柔顺单元进行静力学和动力学分析，给出了平面任意曲梁模型的力学方程，建立了以 NURBS 曲线基函数为形函数的平面任意曲梁等几何模型。应用等几何方法对建立的曲梁模型进行受力分析，将结果与 ANSYS 仿真结果进行了对比，验证了等几何分析所推导的曲梁刚度矩阵和质量矩阵的正确性和高效性。设计了曲梁平面柔顺机构和曲梁-直梁结合的平面柔顺机构，应用等几何方法对机构进行了分析，为后续任意曲梁柔顺机构的设计、分析与优化提供了思路。

（3）应用自由度约束拓扑理论设计了用于三维椭圆振动车削装置的柔顺机构，对柔顺机构进行了动力学分析，分析了柔顺机构的空间椭圆输出轨迹，满足其设计要求。对三维椭圆振动车削装置进行了刀位计算、底盘设计、转塔设计以及驱动机构设计。用新型 EVC 装置加工 Q235 试样，得到的工件外圆表面粗糙度比普通车削的外圆表面低 65.2%左右，车削痕迹更细，证实了该柔顺机构应用于三维椭圆振动切削装置的可行性。

（4）应用圆弧曲梁柔顺单元综合了曲梁柔顺机构，对其进行了静力学和动力学分析，获得了其整体刚度矩阵、固有频率和振型等性能指标。将该机构应用于三维椭圆振动切削装置，仿真获得的刀尖输出位移为空间椭圆，验证了曲梁柔顺机构应用于三维椭圆振动切削装置的可行性。

本书是作者和几届硕士研究生的成果，参与相关项目的硕士研究生徐剑、孔晰、熊文康、肖聪、邓旭彪、刘从扬、王鹏飞和王凯旋等都为本书的成稿提供了重要材料，在此表示衷心感谢！由于作者水平有限及经验的欠缺，书中不当之处在所难免，还请各位专家学者批评指正！

林　盛

2019 年 6 月 12 日

目　　录

1 绪　　论

1.1 引言

柔顺机构是一种利用柔顺单元的弹性变形来实现传递和转换运动、力或能量的新型机构[1]。因其用柔顺单元代替运动副，减少了传统机构中的间隙、润滑、摩擦磨损等问题，提高了机构的精度和可靠性。因此，柔顺机构在精密制造、生物工程显微操作、航空航天、机器人和仿生机械等领域得到了广泛的应用。

柔顺机构在精密制造中的一个重要应用为椭圆振动辅助切削装置。在现有的机床上添加以柔顺机构为刀具载体的三维椭圆振动切削装置，可显著提高切削质量，降低切削力。现有的三维椭圆振动切削装置的设计多数靠经验，因此种类不多。作者在两项国家自然科学基金中分别研究了直梁柔顺机构和曲梁柔顺机构的综合方法，若能将其成功应用于三维椭圆振动切削装置的设计，将大量增加三维椭圆振动切削装置的种类，并提高其各项性能指标。

1.2 柔顺机构构型方法

鉴于柔顺机构在精密工程、仿生机械、生物医疗以及航空航天等领域中占有极为重要的地位，国内外学者针对柔顺机构的综合方法和设计理论展开了大量的研究，并取得了丰硕的成果。根据其综合方法可分为：基于伪刚体模型的柔顺机构、基于拓扑方法的柔顺机构、基于自由度约束拓扑的柔顺机构和基于平面圆弧曲梁的柔顺机构。

1.2.1 基于伪刚体模型的柔顺机构

美国 Brigham Young 大学的 Howell[2]研究小组首先提出了伪刚体模型，基本思想是将已存在的刚性机构中的运动副替换成柔性铰链，从而可以应用传统机构学理论对该柔顺机构进行建模与分析，如图 1-1 所示。Venkiteswaran[3]提出了一种 3 弹簧伪刚体模型，用于设计和分析受伸长率影响的软铰链，不仅可以预测大变形梁的位置和方向，还考虑了软铰链的轴向变形。Liu[4]提出了考虑中心转移和载荷刚化非线性影响的修正伪刚体模型，并依据此模型设计出更精确的双并联导向机构。Jin[5]将拓扑优化与伪刚体法相结合，提出基于伪刚体模型的拓扑优化方法，并应用该方法设计出简单铰链型柔顺机构。余跃庆[6]提出了单拐点大变形梁柔顺机构的伪刚体模型，模拟带拐点柔顺梁，扩展了伪刚体模型的应用范围。于靖军[7]对具有集中柔度的全柔顺机构进行了较为系统的研究，提出“扩展伪刚体模型法”，以解决空间柔顺机构的设计与分析问题。Gao[8]基于刚性机构拓扑 3-UPU 设计了一种用于三自由度加速度传感器的三平动空间柔顺机构，如图 1-2a 所示。梁济民[9]基于伪刚体模型设计了一种六自由度空间柔顺机构，并结合有限元的方法对初始设计平台的关键参数进行尺寸优化，得到优化的六自由度柔顺平台，如图 1-2b 所示。

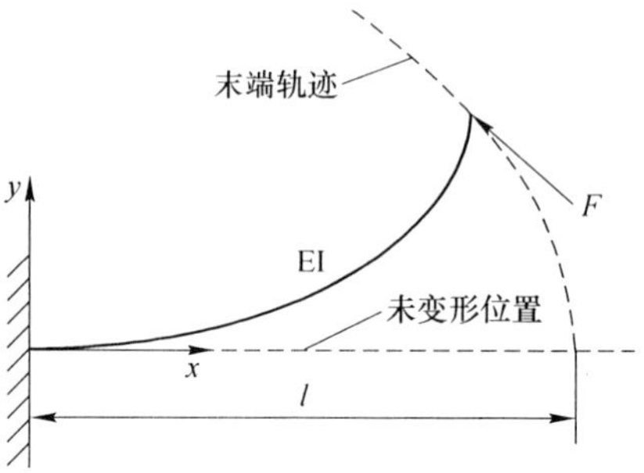

a

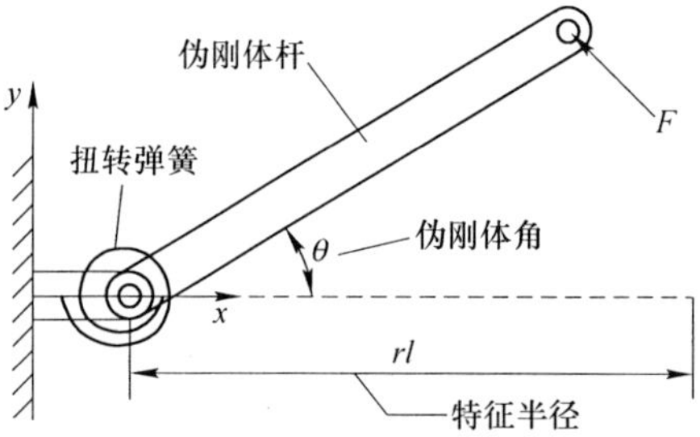

b

图 1-1 柔性悬臂梁和伪刚体模型

a—自由端受力的悬臂梁；b—伪刚体模型

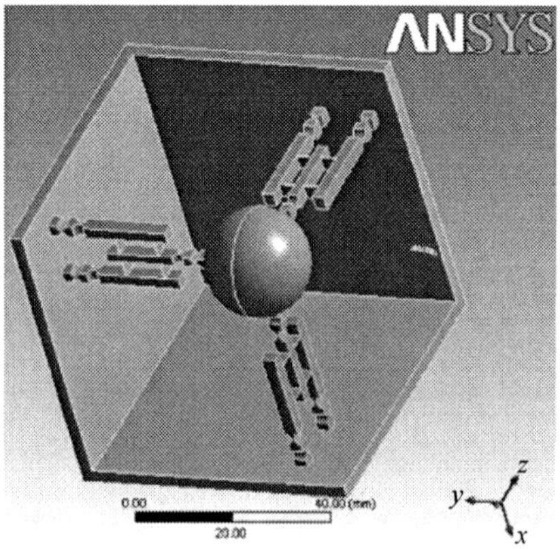

a

b

图 1-2 空间柔顺机构

a—三自由度加速度传感器；b—六自由度空间柔顺机构

伪刚体模型继承了现有刚性机构丰富的机构拓扑，同时也继承了其未考虑拓扑性能差别的缺点，不能为具体的设计问题选择出最优拓扑。另外，柔顺机构的结构特性决定了它不能完全移植刚性机构的构型，例如伪刚体法只考虑机构的运动，没有把力与变形统一考虑，造成设计结果不理想。

1.2.2 基于拓扑优化法的柔顺机构

拓扑优化法无须参考现有的刚性机构，直接根据设计问题在设计域内得到柔顺机构最优的拓扑、形状和尺寸，是融合了构型综合与尺度综合的系统化概念设计方法。基本思想是在一块给定的设计域内寻求材料的最佳分布以达到某种性能最优。Ananthasuresh[10]首次将结构力学中的拓扑优化方法应用于柔顺机构的设计，实现了柔顺机构的构型综合与尺度综合的统一。Jin[11]提出了一种用于平面并联柔顺机构的新拓扑优化方法，将柔顺机构的分支看成拓扑优化中的分离设计域，该方法可用于发现具有复杂运动学行为的优化拓扑。Gaynor[12]提出了三相多材料柔顺机构设计与制造方法，通过多相固体各向同性惩罚模型设计出可制造的多材料拓扑柔顺机构。Cao[13]提出了使用柔顺铰链单元和梁单元的混合网格作为设计域的柔顺机构拓扑优化方法，可对柔顺机构中的梁和铰链的位置和尺寸做合理的优化。Huang[14]提出了具有期望刚度柔顺机构的拓扑优化方法，通过控制期望结构刚度优化柔顺机构的柔性，如图 1-3 所示。Guo[15]将传统的机构综合与拓扑优化相结合设计柔顺机构，先采用拓扑优化技术优化柔顺铰链或柔顺单元，再应用传统机构综合法根据优化的柔顺单元或柔顺铰链设计出柔顺机构，如图 1-4 所示。张宪民[16]对热驱动柔顺机构设计进行了研究，提出了相应的基于并行策略的求解模型，将一个复杂的多材料热固耦合问题离散成为单材料热固耦合子问题，然后对这些子问题并行求解，为热载荷与外力同时作用下多输入柔顺机构设计提供了新思路。

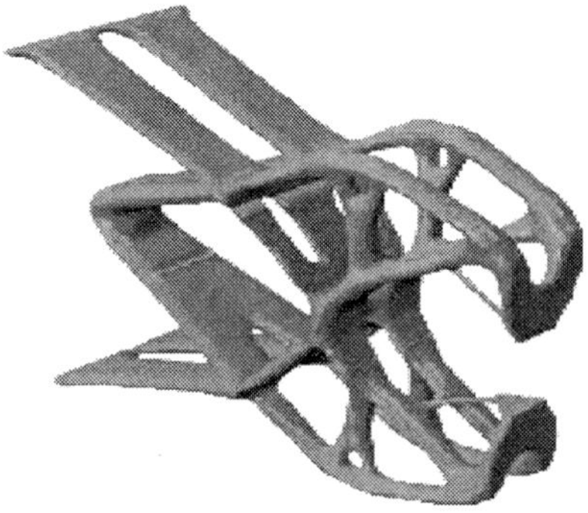

图 1-3　具有期望刚度柔顺机构

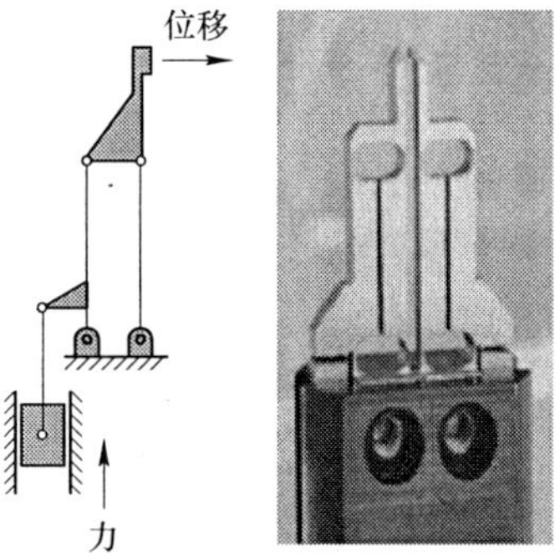

a

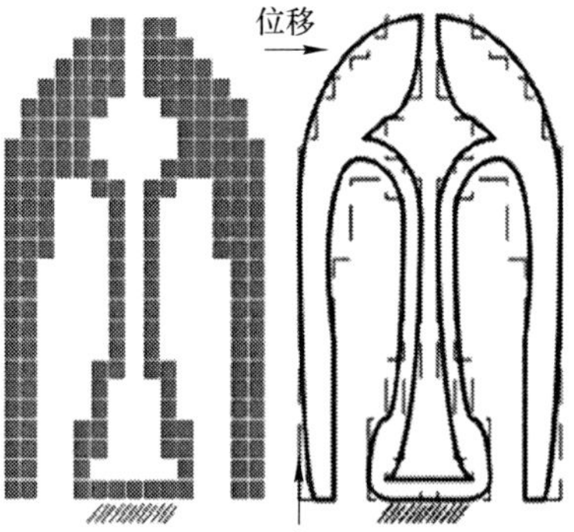

b

图 1-4　拓扑优化与机构综合相结合的柔顺机构

a—传统机构；b—柔顺机构

通过以上分析可知，拓扑优化方法可系统化地对机构拓扑进行优选，但该方法目前只能设计运动相对简单的柔顺机构，还无法将其应用于运动复杂的空间柔顺机构。

1.2.3　基于自由度约束互补拓扑法的柔顺机构

自由度约束互补拓扑法（FACT 方法）是麻省理工学院 Hopkins[17] 提出的可用于设计空间柔顺机构的机构综合方法，FACT 方法是在拓扑层面完成构型综合，无须参考现有的刚性机构即可从设计问题综合出所有可能的构型，且方法简单直观易上手。Hopkins[18] 基于 FACT 方法综合了不同自由度的串并联柔顺机构，图 1-5a 为其中的一种四自由度空间柔顺机构。Hopkins[19] 还将 FACT 方法应用于软

a

b

图 1-5　基于 FACT 法设计的柔顺机构

a—FACT 法设计的并联柔顺机构；b—FACT 法设计的软体机器人

体机器人的设计，扩展了其应用领域，如图1-5b所示。Su等[20]结合螺旋理论从数学上对FACT方法进行了深入量化剖析，使得FACT方法更加系统和完整。Yu等[21]在FACT方法的基础上提出了一种可通用于柔顺机构和刚性机构的综合方法，该方法结合螺旋理论和模块化方法，实现了柔顺机构和柔性铰链的构型综合。

虽然自由度约束互补拓扑方法简单方便，并扩展到多种场合，但该方法只考虑了柔顺结构末端刚体上的自由度，并未考虑机构的其他期望性能，且未考虑大变形产生的几何非线性，只限于小变形情况的应用。

1.2.4　基于平面圆弧曲梁的柔顺机构

Telleria[22]以圆弧曲梁作为柔顺单元设计出一种适用于圆柱形空间的柔顺机构，如图1-6a所示。该柔顺机构具有适合圆形工作空间、稳定性高、结构紧凑等优点。Matloff[23]设计了一种用于浸蘸笔纳米加工刻蚀的四杆圆弧曲梁柔顺机构，如图1-6b所示。该机构具有大变形高精度的特点。Berselli[24]比较了直梁和

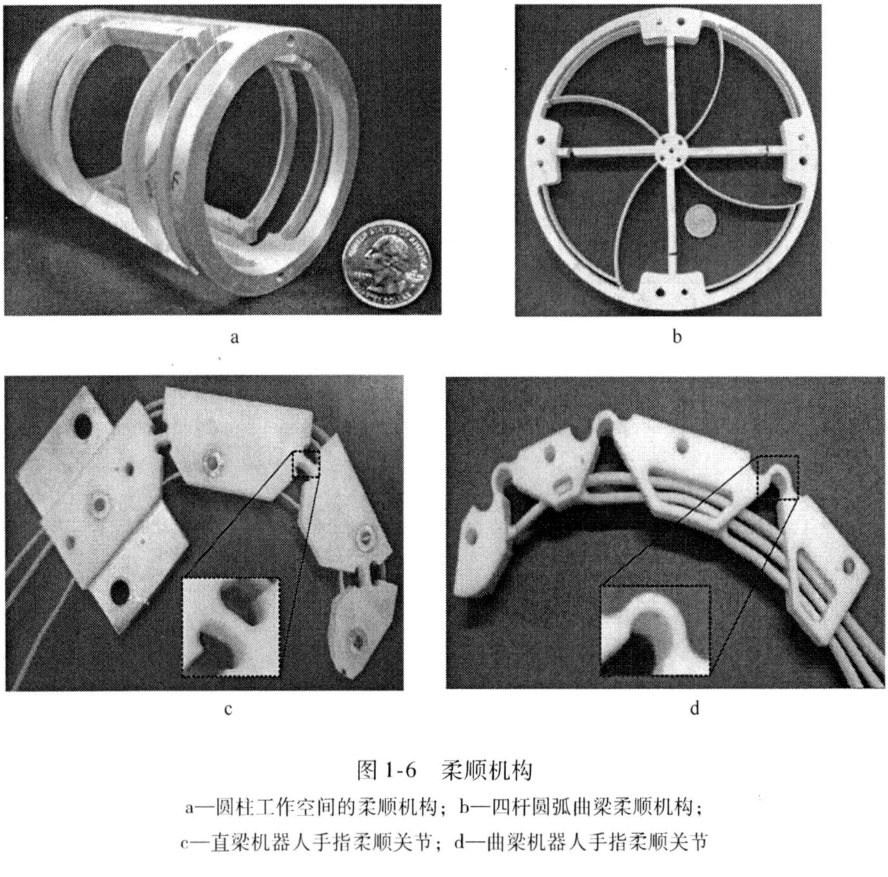

a　b　c　d

图1-6　柔顺机构

a—圆柱工作空间的柔顺机构；b—四杆圆弧曲梁柔顺机构；
c—直梁机器人手指柔顺关节；d—曲梁机器人手指柔顺关节

曲梁应用于机器人手指关节的优缺点，曲梁因其变形大可使机器人柔性手指具有更大的工作空间，如图 1-6c、d 所示。Rad[25,26]通过将圆弧曲梁串联设计了一种三转动球形柔顺机构，如图 1-7a 所示。该柔顺机构为球形工作空间，且相对于直梁三转动柔顺机构，伴随运动明显减少。Venkiteswaran 等[3]提出了平面圆弧曲梁的伪刚体模型，并应用该模型设计了一种圆弧曲梁串联的表面探针，充分利用曲梁应力分布均匀的特点减小最大应力，进而减小疲劳的影响，如图 1-7b 所示。Venkiteswaran 还应用该模型验证了 Cappelleri[27]设计的基于圆弧曲梁的微力传感器，如图 1-7c 所示，该方法相对于有限元方法还有一定的误差。Wang[28]提出了一种波纹悬臂梁模型，并应用波纹悬臂梁设计了一种大转角高机械强度的柔顺铰链。孙炜[29]应用圆弧曲梁设计了一种多簧片大变形柔顺虎克铰，并应用该虎克

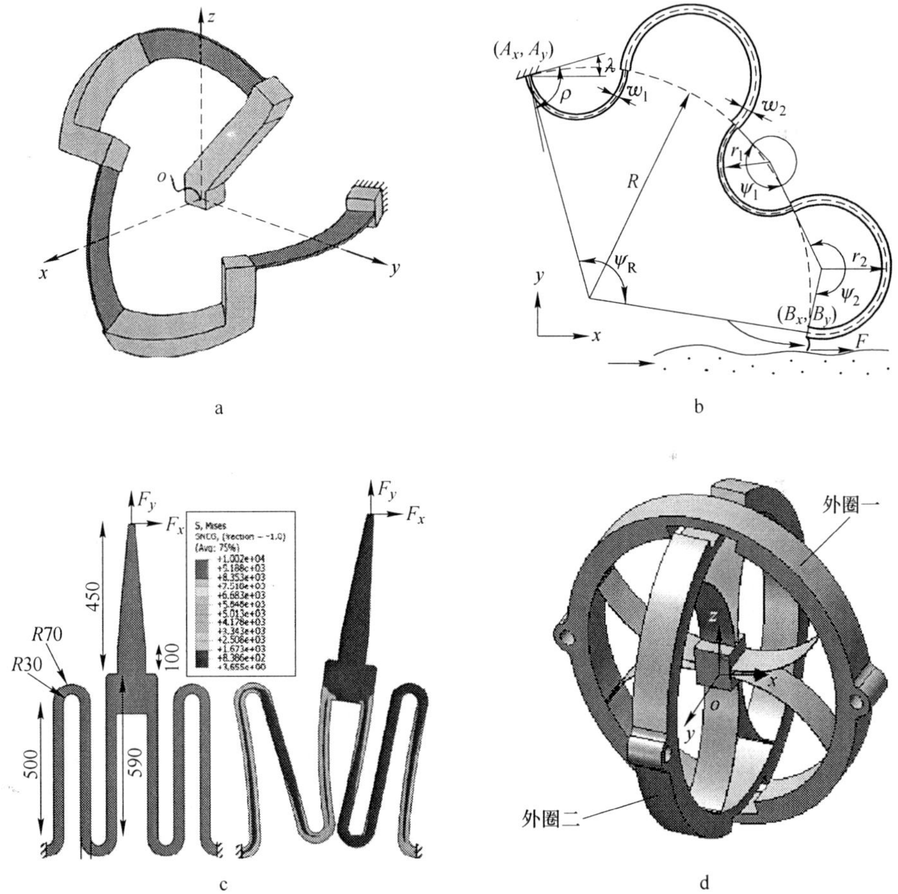

图 1-7 曲梁柔顺机构

a—曲梁球形柔顺机构；b—圆弧曲梁串联的表面探针；

c—基于曲梁的微力传感器；d—基于曲梁的大变形虎克铰

铰设计了一种大工作空间的并联柔顺机构，如图 1-7d 所示。李庚[30]提出了一种空间大挠度梁非线性变形支配微分方程组及其求解方法，具有较高的效率和精度以及比较好的收敛性，为研究曲梁大变形非线性问题提供了重要参考。

曲梁柔顺机构在各个领域的应用都展现出蓬勃的生命力，但曲梁柔顺机构的综合方法目前还处于萌芽阶段，尤其是空间任意形状曲梁作为柔顺单元的柔顺机构还未见相关报道。然而，Zhang[31]提出了一种基于等几何方法的三维曲梁分析方法，为空间曲梁作为柔顺机构的柔顺单元提供了一定的理论基础。等几何方法[32]是一种统一几何模型与分析模型的以样条理论为基础的数值计算方法，利用高阶 NURBS 基函数代替传统的拉格朗日基函数，利用精确 CAD 曲线、曲面或实体直接参与计算，实现 CAD 和 CAE 的无缝连接，其求解精度远高于传统有限元。且等几何方法已成功应用于热传导[33]和振动[34]等问题，同时等几何方法应用于优化问题具有高效率、高精确性等优点[35]。

1.3 椭圆振动切削装置研究现状

振动辅助切削是指在刀具切削工件的同时，在刀尖处附加小幅高频振动，从而提高刀具的切削质量。振动切削能够抑制刀具磨损，减小切削力，降低切削热[36~38]，使得加工的工件表面粗糙度更低。由于振动辅助切削能够减小切削力，因此可以用于难加工材料的切削，例如钛合金、氧化锆等。在刀具的刀尖处附加小幅振动，使刀具在切削过程中只有一部分时间参与切削，可以有效地减少积屑瘤的产生，有利于断屑[39,40]，同时可提高工件表面质量，改善加工效果。

在振动切削理论的基础上，Shamoto E. 等人[41]提出了共振型椭圆振动切削（Oblique Type）的理论，并且利用不同模态振型的组合输出共振运动，刀尖在垂直已加工面的正交平面内做椭圆运动。在一个椭圆周期里，刀具间断参与切削，在与切屑分离过程中，切削速度反向，切屑与前刀面的摩擦力方向反转，大幅度减小了摩擦阻力[42,43]。Rahman 等人[44]设计了一种如图 1-8a 所示的超声椭圆振动切削装置，并且进行了椭圆振动辅助加工实验，不仅研究了硬质合金材料的脆塑转变模型，而且研究了 EVC 装置工作性能参数对加工效果的影响。Ehmann 等人[45]设计了如图 1-8b 所示的一种共振型二维椭圆振动切削装置，该装置利用呈 60°夹角安装的两个压电换能器直接实现刀具在其法线和切线方向上的高频椭圆振动，但装置生成椭圆的运动参数、振动方向和相位差都是固定不可调的，故其应用的灵活性受到了极大的限制。Tan[46]提出了一种基于夹层对称结构的超声椭圆振动切削装置，该装置工作模态为纵向振动的第三共振模式和弯曲振动的第六共振模式，优化后的装置在超精密机床上应用取得了良好的效果。

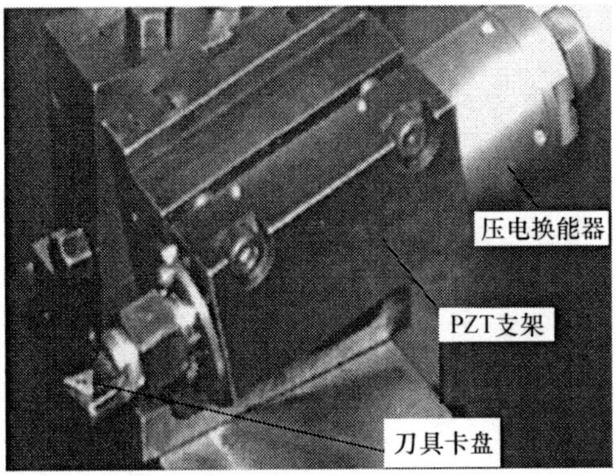

a

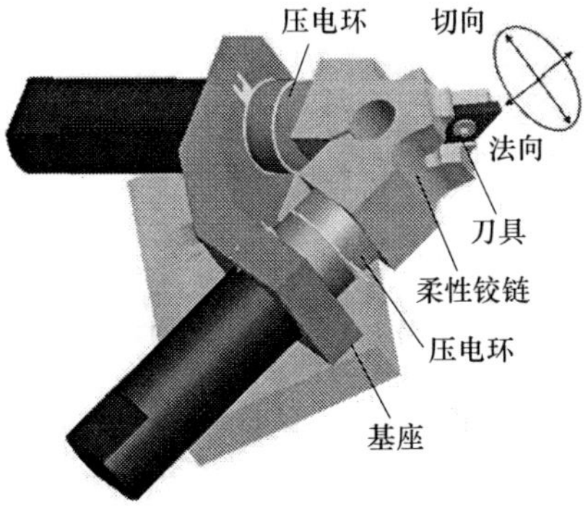

b

图 1-8 共振型二维椭圆振动切削装置

a—超声椭圆振动切削装置；b—共振型二维椭圆振动切削装置

上述的共振型椭圆振动切削装置普遍存在如下两个方面的局限性：（1）工作频率固定、椭圆运动参数不可调、需强制散热、闭环控制难和运动精度差等缺陷；（2）共振型 EVC 装置的设计严重依赖于变幅杆或振动杆的动力学特性，设计过程存在一定的偶然性，且其设计方法的通用性不强，整体的设计难度较大[47]。

为了克服共振型 EVC 装置存在的不足，研究人员致力于非共振 EVC 装置的研制，例如 Kim G. D. 等人[48,49]先后设计了两种非共振型的 EVC 装置，如图 1-9 所示。其中，图 1-9a 将两个压电叠堆并联组成一个非共振椭圆振动切削装置，安装单晶金刚石刀具，对铝、黄铜等韧性材料进行微沟槽切削试验，发现切削力明显降低，加工边界处的毛边明显得到抑制。图 1-9b 为压电叠堆正交组合的非共振椭圆振动切削装置，该装置通过改变幅值和相位来改变椭圆轨迹，获得了表面粗糙度和切削力随振幅和激振频率的变化规律。但此类配置通常会出现两个压电驱动器之间的运动耦合，导致压电驱动器产生切向的剪切应力，影响切削质量。Kim G. D. 等人[50,51]还利用这两个椭圆振动切削装置对难加工材料的可加工性、切屑形态等方面进行了相关研究。

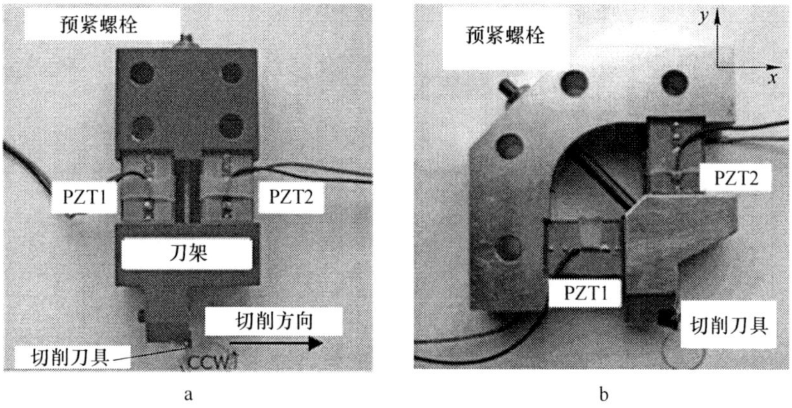

图 1-9　Kim G. D. 等人设计的非共振椭圆振动切削装置
a—压电叠堆并联的非共振椭圆振动切削装置；
b—压电叠堆正交的非共振椭圆振动切削装置

Kim H. 等人[52]设计了一种非共振椭圆振动切削装置，如图 1-10 所示。该 EVC 装置利用一组垂直串联的双轴柔性铰链完成刀架的支撑和导向，采用两个压电驱动器直接驱动刀架合成椭圆运动轨迹，之后分析了振动轨迹、振动频率、振幅大小、驱动位置等参数对加工效果的影响。Kim 还在振动切削的临界切削速度[53]和超声振动切削机理[54]两方面取得了重要的突破。

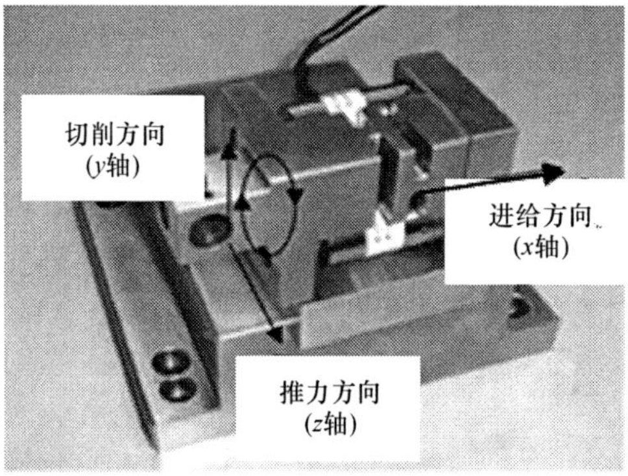

图 1-10　非共振椭圆振动切削装置

吉林大学周晓勤教授团队设计了多种的二维椭圆振动切削装置[55~57]如图1-11所示。其中，图1-11a所设计的非共振二维椭圆振动切削装置能够实现无规则微结构特征表面的端面车削，并分析了加工方式、振动频率、进给速度、椭圆轨迹、工件材料等多个因素对微结构表面质量的影响。图1-11b设计的非共振二维椭圆振动切削装置采用相互垂直的两个压电叠堆推动柔性铰链结构，在压电驱动器输入端和刀座之间加入平行结构，减小两轴运动的耦合。图1-11c所示的为一种将快速刀具伺服与椭圆振动切削相结合的双频二维椭圆振动切削装置，可通过双频椭圆振动加工表面；与传统的快速刀具伺服加工表面相比，显示出更好的表面完整性和成形精度。

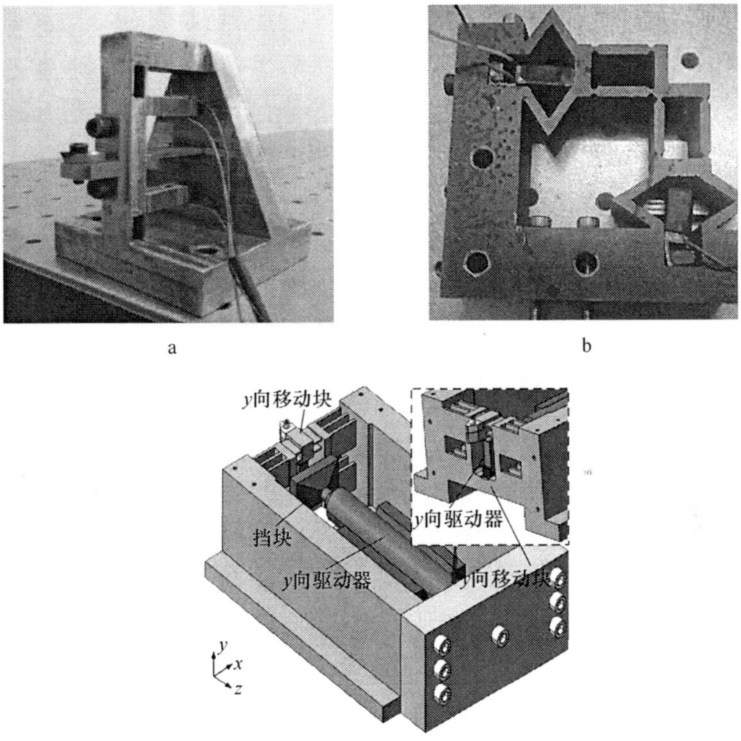

图1-11 非共振二维椭圆振动切削装置

a—刘扬设计的非共振二维椭圆振动切削装置；b—闫贺亮设计的非共振二维椭圆振动切削装置；
c—左成明设计的非共振二维椭圆振动切削装置

在二维椭圆振动辅助切削的基础上，Shamoto E. 提出了三维椭圆振动辅助切削方法，将换能器杆的轴向位移与两个径向位移按一定规律合成，在刀尖处产生空间三维椭圆振动轨迹[41,58]。三维的运动轨迹加剧了刀具运动速度和运动方向的变换，促使切削力进一步减小[41,58]，延长了刀具寿命。且三维轨迹同样具备二维椭圆振动切削的特性，比二维椭圆振动切削更适用于曲面的加工。如图1-12a所示为Shamoto E. 等研制的三维超声椭圆振动切削装置，此装置扩大了加工范围，有较高频响，从一定程度上解决了曲面加工的干涉问题。但椭圆运动轨迹参数依然难以调整，在曲率变化较大的区域，可能产生较大的残留高度。Kurniawan等人[59]研制了一种超声三维椭圆振动切削装置如图1-12b所示。通过研究加工出的表面沟槽微观组织形貌，获得了切削参数对表面粗糙度的影响规律，并引入弹性恢复理论解释了获得的实验结果。Ma[60]通过理论分析、仿真和实验证明了三维椭圆振动切削具有抑制再生颤振的作用，进而改善了弱刚度工件的切削质量。Wang[61]通过实验验证了三维椭圆振动切削可使金刚石刀具磨损率降低几个数量级，且金刚石晶体取向对磨损的影响也比较大。Suzuki[62]提出了改变振幅的变轨迹椭圆振动切削，并研制了一种振幅控制系统，在切削硬化钢的实验中效果显著。Han[63]提出了一种由柔性铰链构成的压电驱动椭圆振动辅助切削系统，采用了非显性排序遗传算法对其结构进行了优化，该装置通过两个驱动器产生三维椭圆，结构简单且适合配置各类机床。

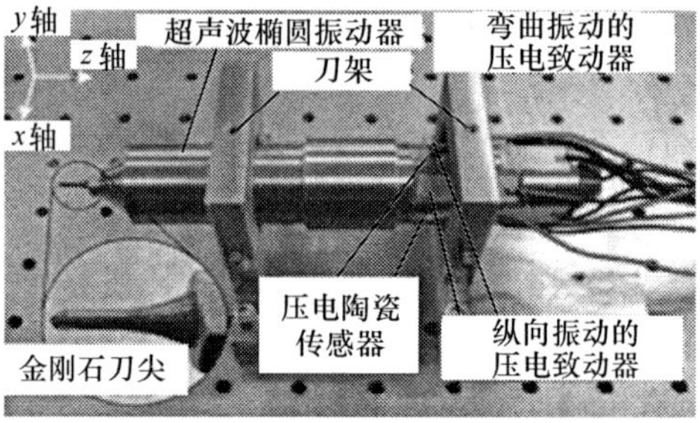

a

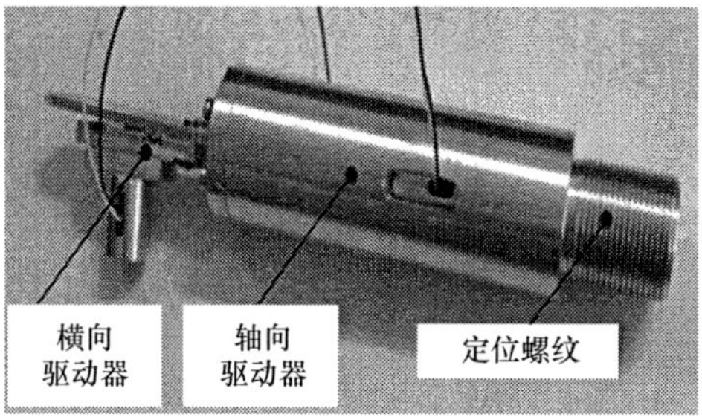

b

图1-12　共振三维椭圆振动装置

a—Shamoto E. 等人设计的共振三维椭圆振动装置；b—Kurniawan等人设计的共振三维椭圆振动装置

王刚[64]和刘培会[65]设计的三维椭圆振动切削装置采用串联多自由度柔顺机构作为刀具的载体，如图 1-13a、b 所示。利用 3 个压电叠堆驱动器分别驱动柔顺机构的 x、y、z 3 个方向，3 个方向上的运动互不影响，无运动耦合。卢明明[66]设计的 EVC 结构如图 1-13c 所示，采用并联多维柔顺机构作为刀具的载体，加工方便，所需驱动力较小，且驱动位置可调，方便研究椭圆轨迹尺寸参数对加工效果的影响。宋云[67]设计的 EVC 结构如图 1-13d 所示，采用 3 个相互之间为 120°支链并联布置，提高了椭圆振动辅助切削加工对复杂微织构的适应性，满足了微织构低成本、高效率制造的需求。

a　b　c　d

图 1-13　非共振三维椭圆振动切削装置

a—王刚设计的三维椭圆振动切削装置；b—刘培会设计的三维椭圆振动切削装置；
c—卢明明设计的三维椭圆振动切削装置；d—宋云设计的三维椭圆振动切削装置

并联型多维柔顺机构能够带动刀尖进行三维椭圆振动，且能够有效避免串联结构的缺点，是新型 EVC 结构的可用载体，但缺少设计理论，主要还是依靠设计者的经验。若能将空间柔顺机构综合方法应用于三维椭圆振动切削装置的设计，将有效提高三维椭圆振动切削装置的性能，同时大幅增加三维椭圆振动切削装置的种类。

2 空间直梁柔顺机构综合方法

本章在自由度与约束拓扑综合方法（freedom and constraint topologies，简称 FACT）的基础上，分析了外部温度场对柔顺机构的影响，建立了温度场与几何约束之间的关系。以各向同性和灵敏度指标为目标，以几何参数为变量，对柔顺机构进行了多目标优化。编写了基于混合约束的并联柔顺机构设计软件，并应用该软件设计了一种三自由度柔顺机构，验证了基于混合约束多自由度柔顺并联柔顺机构综合方法的有效性。

2.1 螺旋理论基础

任何一个空间刚体的运动可以描述成螺旋运动，一个单位螺旋包含：螺旋的轴线位置、螺旋的节距及螺旋的方向三个因素。

2.2 运动螺旋和力螺旋

运动螺旋或力螺旋可以从整体上描述物体的运动或者受力。它们都是由一个线矢量和一个自由矢量组合而成。下面来详细介绍运动螺旋和力螺旋。

（1）运动螺旋。

刚体瞬时螺旋运动可以通过运动螺旋来表达，运动螺旋包括 3 个主要参数：1）位置向量 $\boldsymbol{c}$，该向量从坐标系的原点指向运动螺旋线上任一点；2）方向向量 $\boldsymbol{w}$，代表角速度；3）螺距 p。则运动螺旋 $\boldsymbol{T}$ 的表达式为[68]：

$$\boldsymbol{T}=[\boldsymbol{w}((\boldsymbol{c}\times\boldsymbol{w})+p\cdot\boldsymbol{w})]^{\mathrm{T}} \tag{2-1}$$

（2）力螺旋。

空间任意瞬时力可用力螺旋来表达，力螺旋包括 3 个主要参数：1）位置向量 $\boldsymbol{r}$，该向量从坐标系的原点指向力螺旋线上任一点；2）方向向量 $\boldsymbol{f}$，代表力矢量；3）螺距 q。则力螺旋 $\boldsymbol{W}$ 的表达式为：

$$\boldsymbol{W}=[\boldsymbol{f}((\boldsymbol{r}\times\boldsymbol{f})+q\cdot\boldsymbol{f})]^{\mathrm{T}} \tag{2-2}$$

（3）运动螺旋和力螺旋的关系。

当运动螺旋与力螺旋为互补关系时，其互易积为零，即：

$$\boldsymbol{W}^{\mathrm{T}}\circ\boldsymbol{T}=[\boldsymbol{f}(\boldsymbol{r}\times\boldsymbol{f})+q\cdot\boldsymbol{f}]\circ\begin{bmatrix}(\boldsymbol{c}\times\boldsymbol{w})+p\cdot\boldsymbol{w}\\ \boldsymbol{w}\end{bmatrix}=0 \tag{2-3}$$

进行柔顺机构设计时，约束的螺距 q 通常为零，进一步简化式（2-3）得：

$$p = d \cdot \tan\theta \tag{2-4}$$

式中，d 为运动螺旋 $\boldsymbol{T}$ 和力螺旋 $\boldsymbol{W}$ 之间的垂直距离；θ 为运动螺旋 $\boldsymbol{T}$ 和力螺旋 $\boldsymbol{W}$ 之间的夹角。参数间的关系如图 2-1 所示。

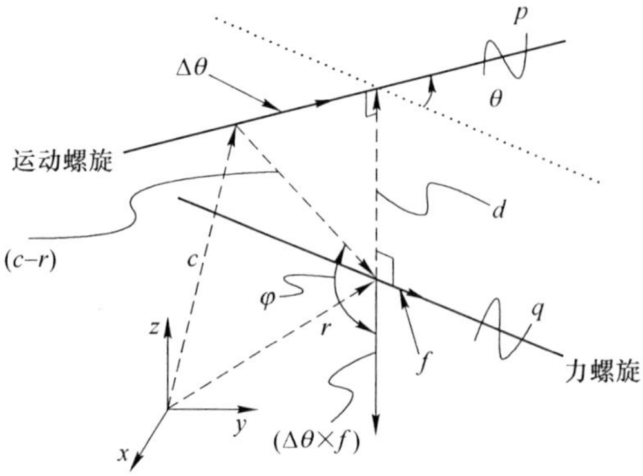

图 2-1　力螺旋和运动螺旋之间关系

Hopkins[69,70]将具有互补关系的自由度螺旋和约束螺旋可视化，构成一系列自由度约束空间，如图 2-2 所示。设计者可以直观地从约束空间选择需要约束对空间柔顺机构进行构型。

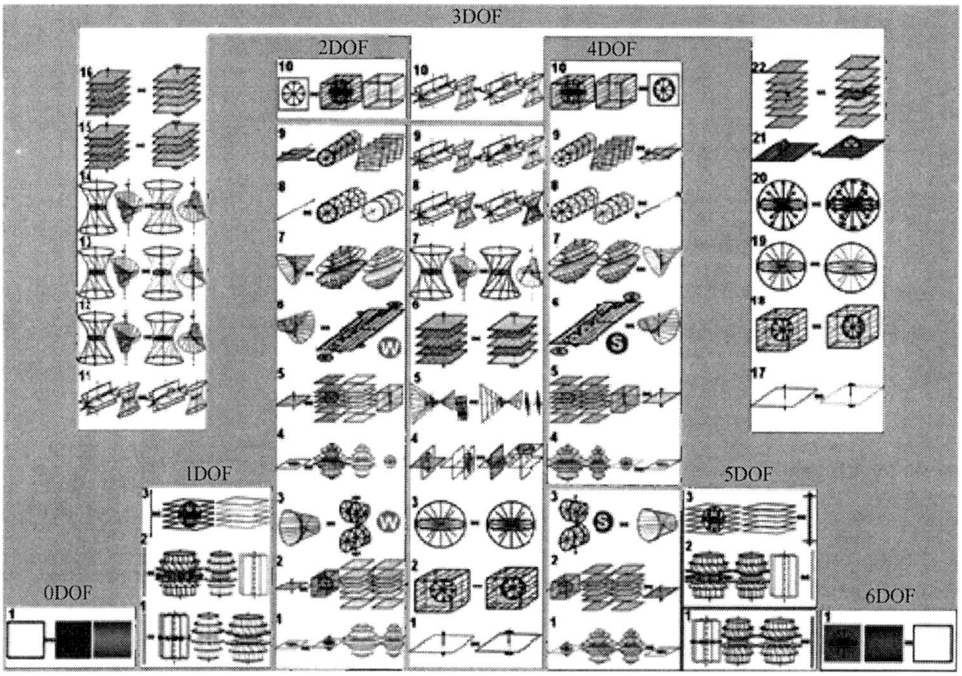

图 2-2　所有自由度和约束空间[71]

2.3 并联柔顺机构刚度矩阵

通过图 2-2 自由度约束空间库可以方便获得具有期望自由度的柔顺机构，但要提高该机构的性能，并对其进行优化，必须得到输入输出之间的关系，这就需要推导空间柔顺机构的刚度矩阵。

2.3.1 并联柔顺机构柔顺单元的刚度矩阵

现任取一个空间柔顺单元，如图 2-3 所示，设空间柔顺单元两端的编号为 i 和 j，长度为 l。取局部坐标系的 z 轴的正方向是从 i 点指向 j 点，x 轴和 y 轴为横截面的主惯性轴。每个节点都有 6 个自由度，位移参数有轴向位移 w，2 个横向位移 u 和 v 以及 3 个转角 θ_x，θ_y 和 θ_z。

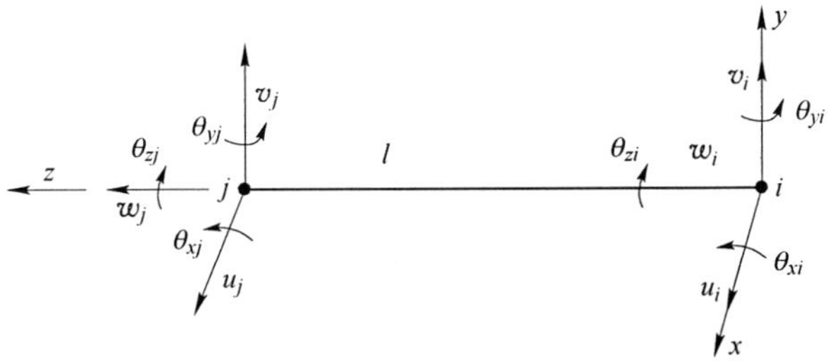

图 2-3 空间柔顺单元节点位移

则柔顺单元节点 i 和 j 位移矩阵为：

$$\boldsymbol{\delta}_i = [\theta_{xi}\theta_{yi}\theta_{zi}u_iv_iw_i]^{\mathrm{T}} \tag{2-5}$$

$$\boldsymbol{\delta}_j = [\theta_{xj}\theta_{yj}\theta_{zj}u_jv_jw_j]^{\mathrm{T}} \tag{2-6}$$

柔顺单元上任一点的空间位移和转角与节点位移之间的关系可通过式（2-7）中的形函数来建立：

$$\begin{bmatrix} \theta_x \\ \theta_y \\ \theta_z \\ u \\ v \\ w \end{bmatrix} = \begin{bmatrix} N_8 & 0 & 0 & 0 & N_7 & 0 & N_{10} & 0 & 0 & 0 & N_9 & 0 \\ 0 & N_8 & 0 & -N_7 & 0 & 0 & 0 & N_{10} & 0 & -N_9 & 0 & 0 \\ 0 & 0 & N_1 & 0 & 0 & 0 & 0 & 0 & N_2 & 0 & 0 & 0 \\ 0 & -N_4 & 0 & N_3 & 0 & 0 & 0 & -N_6 & 0 & N_5 & 0 & 0 \\ N_4 & 0 & 0 & 0 & N_3 & 0 & N_6 & 0 & 0 & 0 & N_5 & 0 \\ 0 & 0 & 0 & 0 & 0 & N_1 & 0 & 0 & 0 & 0 & 0 & N_2 \end{bmatrix} \cdot \boldsymbol{\delta}^e$$

$$=\begin{bmatrix} \boldsymbol{N}_{\theta x} \\ \boldsymbol{N}_{\theta y} \\ \boldsymbol{N}_{\theta z} \\ \boldsymbol{N}_{u} \\ \boldsymbol{N}_{v} \\ \boldsymbol{N}_{w} \end{bmatrix} \cdot \boldsymbol{\delta}^{e} \tag{2-7}$$

式中，$\boldsymbol{\delta}^e$ 为单元节点的位移矩阵，$\boldsymbol{\delta}^e = \begin{bmatrix} \boldsymbol{\delta}_i \\ \boldsymbol{\delta}_j \end{bmatrix}$；$N_1 = \left(1 - \frac{z}{l}\right)$；$N_2 = \left(\frac{z}{l}\right)$；$N_3 = \left(1 - \frac{3z^2}{l^2} + \frac{2z^3}{l^3}\right)$；$N_4 = \left(z - \frac{2z^2}{l} + \frac{z^3}{l^2}\right)$；$N_5 = \left(\frac{3z^2}{l^2} - \frac{2z^3}{l^3}\right)$；$N_6 = \left(-\frac{z^2}{l} + \frac{z^3}{l^2}\right)$；$N_7 = \left(-\frac{6z}{l^2} + \frac{6z^2}{l^3}\right)$；$N_8 = \left(1 - \frac{4z}{l} + \frac{3z^2}{l^2}\right)$；$N_9 = \left(\frac{6z}{l^2} - \frac{6z^2}{l^3}\right)$；$N_{10} = \left(-\frac{2z}{l} + \frac{3z^2}{l^2}\right)$。

柔顺单元的应变由拉压应变和弯曲应变组成。由于柔顺单元的横截面积较小，因此忽略弯曲所产生的剪切变形，则总应变表达式由下所示[72]：

$$\boldsymbol{\varepsilon} = \begin{bmatrix} \gamma_x \\ \gamma_y \\ \gamma_z \\ \varepsilon_b \\ \varepsilon_c \\ \varepsilon_0 \end{bmatrix} = \begin{bmatrix} 0 \\ 0 \\ \rho \dfrac{\mathrm{d}\theta_z}{\mathrm{d}z} \\ -x \dfrac{\mathrm{d}^2 u}{\mathrm{d}z^2} \\ -x \dfrac{\mathrm{d}^2 v}{\mathrm{d}z^2} \\ \dfrac{\mathrm{d}w}{\mathrm{d}z} \end{bmatrix} = \begin{bmatrix} 0 \\ 0 \\ \rho \boldsymbol{N}'_{\theta}(z) \\ -x\boldsymbol{N}''_{u}(z) \\ -y\boldsymbol{N}''_{v}(z) \\ \boldsymbol{N}_{w}(z) \end{bmatrix} \cdot \boldsymbol{\delta}^e = \boldsymbol{B} \cdot \boldsymbol{\delta}^e \tag{2-8}$$

式中，γ_x 和 γ_y 为剪力引起的应变，可忽略不计；ε_0 为拉压应变；ε_b 和 ε_c 为弯曲应变；γ_z 为扭转产生的剪应变；ρ 为截面上任意一点到该截面形心的距离，$\rho = \sqrt{x^2 + y^2}$；$\boldsymbol{B}$ 为应变矩阵，$\boldsymbol{B} = [0 \quad 0 \quad \rho \boldsymbol{N}'_{\theta}(z) \quad -x\boldsymbol{N}''_{u}(z) \quad -y\boldsymbol{N}''_{v}(z) \quad \boldsymbol{N}_{w}(z)]^{\mathrm{T}}$。

则节点位移与应力的关系为：

$$\sigma = \begin{bmatrix} \tau_x \\ \tau_y \\ \tau_z \\ \sigma_b \\ \sigma_c \\ \sigma_0 \end{bmatrix} = \begin{bmatrix} G\gamma_x \\ G\gamma_y \\ G\gamma_z \\ E\varepsilon_b \\ E\varepsilon_c \\ E\varepsilon_0 \end{bmatrix} = \begin{bmatrix} G & 0 & 0 & 0 & 0 & 0 \\ 0 & G & 0 & 0 & 0 & 0 \\ 0 & 0 & G & 0 & 0 & 0 \\ 0 & 0 & 0 & E & 0 & 0 \\ 0 & 0 & 0 & 0 & E & 0 \\ 0 & 0 & 0 & 0 & 0 & E \end{bmatrix} \begin{bmatrix} \gamma_x \\ \gamma_y \\ \gamma_z \\ \varepsilon_b \\ \varepsilon_c \\ \varepsilon_0 \end{bmatrix} = \boldsymbol{D} \cdot \varepsilon = \boldsymbol{D} \cdot \boldsymbol{B} \cdot \boldsymbol{\delta}^e \tag{2-9}$$

式中，$\boldsymbol{D}$ 为弹性矩阵，$\boldsymbol{D}=\begin{bmatrix} G & 0 & 0 & 0 & 0 & 0 \\ 0 & G & 0 & 0 & 0 & 0 \\ 0 & 0 & G & 0 & 0 & 0 \\ 0 & 0 & 0 & E & 0 & 0 \\ 0 & 0 & 0 & 0 & E & 0 \\ 0 & 0 & 0 & 0 & 0 & E \end{bmatrix}$。

现假定单元内虚应变为 $\boldsymbol{\varepsilon}^*$，则按式（2-8）可表示为：

$$\boldsymbol{\varepsilon}^* = \boldsymbol{B}\cdot\boldsymbol{\delta}^e \tag{2-10}$$

式中，$\boldsymbol{\delta}^e$ 为单元节点虚位移矩阵。

由弹性理论可知，柔顺单元的虚应变能可表示为[73]：

$$\begin{aligned}\delta U^e &= \iiint \boldsymbol{\varepsilon}^{*\mathrm{T}}\cdot\boldsymbol{\sigma}\mathrm{d}V \\ &= \iiint (\boldsymbol{\delta}^{*e})^{\mathrm{T}}\cdot\boldsymbol{B}^{\mathrm{T}}\boldsymbol{D}\boldsymbol{B}\cdot\boldsymbol{\delta}^e\mathrm{d}V \\ &= (\boldsymbol{\delta}^{*e})^{\mathrm{T}}\cdot\iiint \boldsymbol{B}^{\mathrm{T}}\boldsymbol{D}\boldsymbol{B}\mathrm{d}V\cdot\boldsymbol{\delta}^e\end{aligned} \tag{2-11}$$

根据虚位移原理，柔顺单元上的外力在虚位移上所做的功和式（2-11）虚应变能相等，可表示为：

$$\boldsymbol{\delta}^{e\mathrm{T}}\cdot\boldsymbol{F} = \delta U^e \tag{2-12}$$

式中，$\boldsymbol{F}$ 为柔顺单元上的外力。

将式（2-12）代入式（2-11）可以得出：

$$\boldsymbol{F} = \iiint \boldsymbol{B}^{\mathrm{T}}\boldsymbol{D}\boldsymbol{B}\mathrm{d}V\cdot\delta^e \tag{2-13}$$

则刚度矩阵 $\boldsymbol{K}_t$ 为：

$$\boldsymbol{K}_t = \iiint B^{\mathrm{T}}\boldsymbol{D}\boldsymbol{B}\mathrm{d}V \tag{2-14}$$

将式（2-9）中应变矩阵 $\boldsymbol{B}$ 以及弹性矩阵 $\boldsymbol{D}$ 代入式（2-14），可计算出柔顺单元刚度矩阵，如下所示：

$$
K_t=\begin{bmatrix}
\frac{4EI_x}{l} & 0 & 0 & 0 & \frac{6EI_x}{l^2} & 0 & \frac{2EI_x}{l} & 0 & 0 & 0 & -\frac{6EI_x}{l^2} & 0 \\
0 & \frac{4EI_y}{l} & 0 & -\frac{6EI_y}{l^2} & 0 & 0 & 0 & \frac{2EI_y}{l} & 0 & \frac{6EI_y}{l^2} & 0 & 0 \\
0 & 0 & \frac{GJ}{l} & 0 & 0 & 0 & 0 & 0 & -\frac{GJ}{l} & 0 & 0 & 0 \\
0 & -\frac{6EI_y}{l^2} & 0 & \frac{12EI_y}{l^3} & 0 & 0 & 0 & -\frac{6EI_y}{l^2} & 0 & -\frac{12EI_y}{l^3} & 0 & 0 \\
\frac{6EI_x}{l^2} & 0 & 0 & 0 & \frac{12EI_x}{l^3} & 0 & \frac{6EI_x}{l^2} & 0 & 0 & 0 & -\frac{12EI_x}{l^3} & 0 \\
0 & 0 & 0 & 0 & 0 & \frac{AE}{l} & 0 & 0 & 0 & 0 & 0 & -\frac{AE}{l} \\
\frac{2EI_x}{l} & 0 & 0 & 0 & \frac{6EI_x}{l^2} & 0 & \frac{4EI_x}{l} & 0 & 0 & 0 & -\frac{6EI_x}{l^2} & 0 \\
0 & \frac{2EI_y}{l} & 0 & -\frac{6EI_y}{l^2} & 0 & 0 & 0 & \frac{4EI_y}{l} & 0 & \frac{6EI_y}{l^2} & 0 & 0 \\
0 & 0 & -\frac{GJ}{l} & 0 & 0 & 0 & 0 & 0 & \frac{GJ}{l} & 0 & 0 & 0 \\
0 & \frac{6EI_y}{l^2} & 0 & -\frac{12EI_y}{l^3} & 0 & 0 & 0 & \frac{6EI_y}{l^2} & 0 & \frac{12EI_y}{l^3} & 0 & 0 \\
-\frac{6EI_x}{l^2} & 0 & 0 & 0 & -\frac{12EI_x}{l^3} & 0 & -\frac{6EI_x}{l^2} & 0 & 0 & 0 & \frac{12EI_x}{l^3} & 0 \\
0 & 0 & 0 & 0 & 0 & -\frac{AE}{l} & 0 & 0 & 0 & 0 & 0 & \frac{AE}{l}
\end{bmatrix}
\tag{2-15}
$$

式中，E 为弹性模量；G 为剪切模量；I_x 为关于 x 轴的惯性矩；I_y 为关于 y 轴的惯性矩；A 为柔顺单元的横截面积；J 为极惯性矩；l 为空间柔顺单元的长度。

将图 2-3 空间柔顺单元的节点 j 的 6 个自由度全部约束，节点 i 受力，则力与位移的关系为：

$$[\tau_{xi}\ \tau_{yi}\ \tau_{zi}\ f_{xi}\ f_{yi}\ f_{zi}]^{\mathrm{T}}=\boldsymbol{K}^{(a)}\cdot[\theta_{xi}\ \theta_{yi}\ \theta_{zi}\ \delta_{xi}\ \delta_{yi}\ \delta_{zi}]^{\mathrm{T}} \tag{2-16}$$

式中，$\boldsymbol{K}^{(a)}$ 为柔顺单元的刚度矩阵，$\boldsymbol{K}^{(a)}$ 可表示为：

$$K^{(a)}=\begin{bmatrix} \frac{4EI_x}{l} & 0 & 0 & 0 & \frac{6EI_x}{l^2} & 0 \\ 0 & \frac{4EI_y}{l} & 0 & -\frac{6EI_y}{l^2} & 0 & 0 \\ 0 & 0 & \frac{GJ}{l} & 0 & 0 & 0 \\ 0 & -\frac{6EI_y}{l^2} & 0 & \frac{12EI_y}{l^3} & 0 & 0 \\ \frac{6EI_x}{l^2} & 0 & 0 & 0 & \frac{12EI_x}{l^3} & 0 \\ 0 & 0 & 0 & 0 & 0 & \frac{AE}{l} \end{bmatrix} \tag{2-17}$$

2.3.2 并联柔顺机构的整体刚度矩阵

柔顺机构由多个柔顺单元和工作台组成，要获得工作台的输入输出之间的关系，必须将每个柔顺单元对应的变量从局部坐标系变换到全局坐标系，在全局坐标系下整体刚度矩阵为：

$$K_{TW}=\sum_{a=1}^{C} N_R^{(a)}\cdot K^{(a)}\cdot N^{(a)-1} \tag{2-18}$$

式中，C 为柔顺单元的个数；$N_R^{(a)}=\begin{bmatrix} 0 & 0 & 0 & n_1 & n_2 & n_3 \\ n_1 & n_2 & n_3 & L\times n_1 & L\times n_2 & L\times n_3 \end{bmatrix}$，为位置转换矩阵；$N^{(a)}=\begin{bmatrix} n_1 & n_2 & n_3 & 0 & 0 & 0 \\ L\times n_1 & L\times n_2 & L\times n_3 & n_1 & n_2 & n_3 \end{bmatrix}$为方向转换矩阵；$K^{(a)}$为柔顺单元在局部坐标系下的刚度矩阵。

2.4 性能与温度约束条件下的柔顺机构参数优化

通过自由度空间和约束空间能够很方便地设计空间柔顺机构，要获得具有期望性能指标的柔顺机构，还需要对其各项性能指标进行优化。

2.4.1 误差分析

柔顺机构驱动力和输出位移之间的关系可表示为：

$$W=K\cdot T \tag{2-19}$$

式中，K 为柔顺机构的刚度矩阵。

当柔顺机构驱动力 $\boldsymbol{W}$ 存在偏差 $\delta\boldsymbol{W}$ 时，输出位移产生偏差 $\delta\boldsymbol{T}$，则式（2-19）可以写成[74]：

$$\boldsymbol{W}+\delta\boldsymbol{W}=\boldsymbol{K}(\boldsymbol{T}+\delta\boldsymbol{T}) \tag{2-20}$$

式（2-19）与式（2-20）相减可得：

$$\delta\boldsymbol{W}=\boldsymbol{K}\cdot\delta\boldsymbol{T} \tag{2-21}$$

$$\delta\boldsymbol{T}=\boldsymbol{K}^{-1}\cdot\delta\boldsymbol{W} \tag{2-22}$$

则有：

$$\|\delta\boldsymbol{T}\|\leqslant\|\boldsymbol{K}^{-1}\|\cdot\|\delta\boldsymbol{W}\| \tag{2-23}$$

由式（2-19）可得：

$$\|\boldsymbol{W}\|\leqslant\|\boldsymbol{K}\|\cdot\|\boldsymbol{T}\| \tag{2-24}$$

即

$$\frac{1}{\|\boldsymbol{T}\|}\leqslant\frac{\|\boldsymbol{K}\|}{\|\boldsymbol{W}\|} \tag{2-25}$$

由式（2-24）和式（2-25）可得：

$$\frac{\delta\boldsymbol{T}}{\|\boldsymbol{T}\|}\leqslant\|\boldsymbol{K}^{-1}\|\cdot\|\boldsymbol{K}\|\frac{\|\delta\boldsymbol{W}\|}{\|\boldsymbol{W}\|} \tag{2-26}$$

式中，因子 $\|\boldsymbol{K}^{-1}\|\cdot\|\boldsymbol{K}\|$ 为矩阵 $\boldsymbol{K}$ 的条件数[75]，用 $\mathrm{cond}(\boldsymbol{K})$ 表示，即 $\mathrm{cond}(\boldsymbol{K})=\|\boldsymbol{K}\|\cdot\|\boldsymbol{K}^{-1}\|$。

式（2-26）可以表示为：

$$\frac{\delta\boldsymbol{T}}{\|\boldsymbol{T}\|}\leqslant\mathrm{cond}(\boldsymbol{K})\frac{\|\delta\boldsymbol{W}\|}{\|\boldsymbol{W}\|} \tag{2-27}$$

在计算方矩阵 $\boldsymbol{K}$ 条件数时，采用 Frobenius 范数，$\|\boldsymbol{K}^{-1}\|$ 和 $\|\boldsymbol{K}\|$ 的 F-范数可表示为：

$$\|\boldsymbol{K}^{-1}\|=\sqrt{\mathrm{tr}((\boldsymbol{K}\cdot\boldsymbol{K}^{\mathrm{T}})^{-1})} \tag{2-28}$$

$$\|\boldsymbol{K}\|=\sqrt{\mathrm{tr}(\boldsymbol{K}\cdot\boldsymbol{K}^{\mathrm{T}})} \tag{2-29}$$

式中，$\mathrm{tr}(\cdot)$ 表示矩阵的迹，是对角线上各个元素之和。$\mathrm{cond}(\boldsymbol{K})$ 是一个大于或

等于 1 的数。

在计算长矩阵 $\boldsymbol{K}$ 的条件数时，由于矩阵 $\boldsymbol{K}$ 为不可逆矩阵，所以采用谱范数的计算方法，则条件数为：

$$\operatorname{cond}(\boldsymbol{K}) = \|\boldsymbol{K}\|_2 \cdot \|\boldsymbol{K}^+\|_2 \tag{2-30}$$

式中，$\boldsymbol{K}^+$ 为广义逆矩阵。

矩阵 $\boldsymbol{K}$ 和广义逆矩阵 $\boldsymbol{K}^+$ 谱范数定义为：

$$\|\boldsymbol{K}\|_2 = \sqrt{\lambda_{\max}(\boldsymbol{K} \cdot \boldsymbol{K}^{\mathrm{T}})} = \sigma_{\max} \tag{2-31}$$

式中，$\lambda_{\max}(\boldsymbol{K} \cdot \boldsymbol{K}^{\mathrm{T}})$ 为 $\boldsymbol{K} \cdot \boldsymbol{K}^{\mathrm{T}}$ 的最大特征值；$\sigma_{\max}$ 为 $\boldsymbol{K}$ 最大奇异值。

$$\|\boldsymbol{K}^+\|_2 = \sqrt{\lambda_{\max}(\boldsymbol{K}^+ \cdot (\boldsymbol{K}^+)^{\mathrm{T}})} = \frac{1}{\sqrt{\lambda_{\min}(\boldsymbol{K} \cdot \boldsymbol{K}^{\mathrm{T}})}} = \sigma_{\min} \tag{2-32}$$

式中，$\sigma_{\min}$ 为最小奇异值。

由式（2-30）~式（2-32）可知，长矩阵 $\boldsymbol{K}$ 的条件数为：

$$\operatorname{cond}(\boldsymbol{K}) = \frac{[\lambda_{\max}(\boldsymbol{K} \cdot \boldsymbol{K}^{\mathrm{T}})]^{1/2}}{[\lambda_{\min}(\boldsymbol{K} \cdot \boldsymbol{K}^{\mathrm{T}})]^{1/2}} = \frac{\sigma_{\max}}{\sigma_{\min}} \tag{2-33}$$

由以上分析可知，条件数可以反映出驱动器输入力的微小偏差对输出位移误差的影响。当 $\boldsymbol{K}$ 条件数相对较大时，即 $\operatorname{cond}(\boldsymbol{K}) >> 1$ 时，$\boldsymbol{K}$ 称为病态矩阵，系统输出受输入误差的影响较大。当 $\boldsymbol{K}$ 的条件数相对较小时，$\boldsymbol{K}$ 称为良态矩阵，系统输出受输入误差的影响较小。

由于柔顺机构受到加工、装配等因素的影响，实际的刚度矩阵 $\boldsymbol{K}$ 值与理论值会有一定的偏差。现假设输入力 $\boldsymbol{W}$ 没有误差，加工装配等因素造成刚度矩阵 $\boldsymbol{K}$ 有微小的误差 $\delta\boldsymbol{K}$，并因此导致了输出位移误差 $\delta\boldsymbol{T}$，由式（2-19）可得：

$$\boldsymbol{W} = (\boldsymbol{K} + \delta\boldsymbol{K})(\boldsymbol{T} + \delta\boldsymbol{T}) \tag{2-34}$$

则有：

$$-\delta\boldsymbol{K} \cdot \boldsymbol{T} = (\boldsymbol{K} + \delta\boldsymbol{K})\delta\boldsymbol{T} \tag{2-35}$$

将 $\boldsymbol{K} + \delta\boldsymbol{K}$ 表示为：

$$\boldsymbol{K} + \delta\boldsymbol{K} = \boldsymbol{K}(\boldsymbol{I} + \boldsymbol{K}^{-1} \cdot \delta\boldsymbol{K}) \tag{2-36}$$

当 $\|\boldsymbol{K}^{-1} \cdot \delta\boldsymbol{K}\| < 1$ 时，$(\boldsymbol{I} + \boldsymbol{K}^{-1} \cdot \delta\boldsymbol{K})^{-1}$ 存在[75]，将式（2-36）代入式（2-35）得：

$$\delta \boldsymbol{T} = -(\boldsymbol{I} + \boldsymbol{K}^{-1} \cdot \delta \boldsymbol{K})^{-1} \boldsymbol{K}^{-1} (\delta \boldsymbol{K}) \boldsymbol{T} \tag{2-37}$$

由式（2-37）可得：

$$\| \delta \boldsymbol{T} \| \leqslant \frac{\| \boldsymbol{K}^{-1} \| \cdot \| \delta \boldsymbol{K} \| \cdot \| \boldsymbol{T} \|}{1 - \| \boldsymbol{K}^{-1} (\delta \boldsymbol{K}) \|} \tag{2-38}$$

设$\| \boldsymbol{K}^{-1} \| \cdot \| \delta \boldsymbol{K} \| < 1$，得出：

$$\frac{\| \delta \boldsymbol{T} \|}{\| \boldsymbol{T} \|} \leqslant \frac{\| \boldsymbol{K}^{-1} \| \cdot \| \boldsymbol{K} \| \cdot \dfrac{\| \delta \boldsymbol{K} \|}{\| \boldsymbol{K} \|}}{1 - \| \boldsymbol{K}^{-1} \| \cdot \| \boldsymbol{K} \| \cdot \dfrac{\| \delta \boldsymbol{K} \|}{\| \boldsymbol{K} \|}} \tag{2-39}$$

当 $\boldsymbol{K}$ 为方阵时，条件数采用 Frobenius 范数。当 $\boldsymbol{K}$ 为长矩阵时，条件数采用谱范数的形式。由式（2-39）可知，$\| \boldsymbol{K}^{-1} \| \cdot \| \boldsymbol{K} \|$愈小，矩阵 $\boldsymbol{K}$ 的误差造成的输出误差愈小；$\| \boldsymbol{K}^{-1} \| \cdot \| \boldsymbol{K} \|$愈大，矩阵 $\boldsymbol{K}$ 的误差造成的输出误差愈大。

2.4.2　柔顺机构各向同性度

矩阵 $\boldsymbol{K}$ 既有力传递因子又有力矩传递因子，由于力和力矩有不同的量纲，因而需要把各向同性分为力各向同性和力矩各向同性来研究[76]。将刚度矩阵 $\boldsymbol{K}$ 分成力刚度矩阵和力矩刚度矩阵表示为：

$$\boldsymbol{K} = \begin{bmatrix} \boldsymbol{K}_f \\ \boldsymbol{K}_m \end{bmatrix} \tag{2-40}$$

式中，$\boldsymbol{K}_f$ 为力刚度矩阵；$\boldsymbol{K}_m$ 为力矩刚度矩阵。

若柔顺机构的力刚度矩阵 $\boldsymbol{K}_f$ 满足

$$\boldsymbol{K}_f \cdot \boldsymbol{K}_f^{\mathrm{T}} = \mathrm{diag}(a_{f1}, a_{f2}, a_{f3}) \tag{2-41}$$

且 $a_{f1} = a_{f2} = a_{f3}$，则称柔顺机构是力各向同性的，即 $\mathrm{cond}(\boldsymbol{K}_f) = 1$。

若柔顺机构的力矩刚度矩阵 $\boldsymbol{K}_m$ 满足

$$\boldsymbol{K}_m \cdot \boldsymbol{K}_m^{\mathrm{T}} = \mathrm{diag}(a_{m1}, a_{m2}, a_{m3}) \tag{2-42}$$

且 $a_{m1} = a_{m2} = a_{m3}$，则称柔顺机构是力矩各向同性的，即 $\mathrm{cond}(\boldsymbol{K}_m) = 1$。

为方便评判各向同性指标，用刚度矩阵 $\boldsymbol{K}$ 条件数的倒数来定义力各向同性度和力矩各向同性度[74]。

（1）力各向同性度。

$$\mu_f = \frac{1}{\mathrm{cond}(\boldsymbol{K}_f)} = \frac{\sigma_{f\min}}{\sigma_{f\max}} \tag{2-43}$$

式中，$\sigma_{f\max}$和$\sigma_{f\min}$分别为$\boldsymbol{K}_f$的最大奇异值和最小奇异值。

（2）力矩各向同性度。

$$\mu_m = \frac{1}{\mathrm{cond}(\boldsymbol{K}_m)} = \frac{\sigma_{m\min}}{\sigma_{m\max}} \tag{2-44}$$

式中，$\sigma_{m\max}$和$\sigma_{m\min}$分别为$\boldsymbol{K}_m$的最大奇异值和最小奇异值。

2.4.3 柔顺机构灵敏度

在一些应用场合，需要柔顺机构有较高的灵敏度。因此，有必要讨论一下柔顺机构的灵敏度指标。

由式（2-19）可知：

$$\boldsymbol{T} = \boldsymbol{K}^{-1} \cdot \boldsymbol{W} \tag{2-45}$$

用$\boldsymbol{C} = \boldsymbol{K}^{-1}$表示柔顺机构的柔度矩阵，由于柔度矩阵力和力矩量纲不同，将柔度矩阵$\boldsymbol{C}$分为力柔度矩阵和力矩柔度矩阵表示：

$$\boldsymbol{C} = [\boldsymbol{C}_f \; \boldsymbol{C}_m] \tag{2-46}$$

式中，$\boldsymbol{C}_f$为力柔度矩阵；$\boldsymbol{C}_m$为力矩柔度矩阵。

利用矩阵 F-范数来定义力灵敏度和力矩灵敏度[74]，将力灵敏度定义为：

$$s_F = \sqrt{\mathrm{tr}(\boldsymbol{C}_f^{\mathrm{T}}\boldsymbol{C}_f)} \tag{2-47}$$

将力矩灵敏度定义为：

$$s_M = \sqrt{\mathrm{tr}(\boldsymbol{C}_m^{\mathrm{T}}\boldsymbol{C}_m)} \tag{2-48}$$

柔顺机构某单一方向的力或力矩灵敏度可用二范数来衡量，设柔度矩阵表示为：

$$\boldsymbol{C} = [\boldsymbol{C}_1 \; \boldsymbol{C}_2 \; \boldsymbol{C}_3 \; \boldsymbol{C}_4 \; \boldsymbol{C}_5 \; \boldsymbol{C}_6] \tag{2-49}$$

则$\boldsymbol{F}_x$、$\boldsymbol{F}_y$和$\boldsymbol{F}_z$ 3 个力分量的灵敏度s_{Fx}、s_{Fy}和s_{Fz}分别定义为[77]：

$$s_{Fx} = \|\boldsymbol{C}_1\|_2, \; s_{Fy} = \|\boldsymbol{C}_2\|_2, \; s_{Fz} = \|\boldsymbol{C}_3\|_2 \tag{2-50}$$

$\boldsymbol{M}_x$、$\boldsymbol{M}_y$和$\boldsymbol{M}_z$ 3 个力矩分量的灵敏度s_{Mx}、s_{My}和s_{Mz}分别定义为：

$$s_{Mx}=\|C_4\|_2,\ s_{My}=\|C_5\|_2,\ s_{Mz}=\|C_6\|_2 \tag{2-51}$$

当设计师对柔顺机构的灵敏度性能有要求时，以上力和力矩整体灵敏度以及各分力和分力矩灵敏度可为设计师提供理论依据。

2.5　并联柔顺机构热固耦合分析

2.5.1　并联柔顺机构热平衡方程

柔顺机构在温度场的作用下产生热膨胀，进而产生热载荷，使得柔顺机构产生变形，自由膨胀情况下的应变分量可表示为[78]：

$$\varepsilon_x=\varepsilon_y=\varepsilon_z=\alpha(T_1-T_0)\quad \gamma_{xy}=\gamma_{yz}=\gamma_{zx}=0 \tag{2-52}$$

式中，α 为线膨胀系数；T_1 为结构的稳态温度场；T_0 为初始温度场；ε_x、ε_y、ε_z 为轴方向的线应变；γ_{xy}、γ_{yz}、γ_{zx}为面上的剪切应变。

根据线性弹性理论，应变是由温度变化引起的应变和应力引起的应变两部分组成，应力和应变之间的关系可表示为：

$$\begin{cases}\varepsilon_x=\sigma_x-\mu(\sigma_y+\sigma_z)/E+\alpha(T_1-T_0)\\ \varepsilon_y=\sigma_y-\mu(\sigma_x+\sigma_z)/E+\alpha(T_1-T_0)\\ \varepsilon_z=\sigma_z-\mu(\sigma_y+\sigma_x)/E+\alpha(T_1-T_0)\\ \gamma_{xy}=\tau_{xy}/G,\gamma_{yz}=\tau_{yz}/G,\gamma_{zx}=\tau_{zx}/G\end{cases} \tag{2-53}$$

式中，μ 为泊松比；E 为弹性模量；G 为剪切模量；σ_x、σ_y 和 σ_z 为正应力；τ_{xy}、τ_{yz}和 τ_{zx}为剪应力。

将式（2-53）用矩阵形式表示为：

$$\boldsymbol{\varepsilon}=\boldsymbol{D}^{-1}\boldsymbol{\sigma}+\alpha(T_1-T_0)[1\quad 1\quad 1\quad 0\quad 0\quad 0]^{\mathrm{T}} \tag{2-54}$$

式中，$\boldsymbol{D}$ 为弹性矩阵；$\boldsymbol{\varepsilon}$ 为线应变矢量；$\boldsymbol{\sigma}$ 为正应力矢量。

将 $\alpha(T_1-T_0)[1\quad 1\quad 1\quad 0\quad 0\quad 0]^{\mathrm{T}}$ 记作 $\boldsymbol{\varepsilon}_0$，则式（2-54）简化为：

$$\boldsymbol{\sigma}=\boldsymbol{D}(\boldsymbol{\varepsilon}-\boldsymbol{\varepsilon}_0) \tag{2-55}$$

式（2-55）中 $\boldsymbol{\sigma}$ 为考虑温度影响的弹性应力，称为热应力。由于热应力的存在，弹性体应变能为[79]：

$$\Phi^e=\int_V\frac{1}{2}(\varepsilon-\varepsilon_0)^{\mathrm{T}}\boldsymbol{D}(\varepsilon-\varepsilon_0)\,\mathrm{d}V \tag{2-56}$$

将 $\varepsilon = \boldsymbol{B} \cdot \boldsymbol{\delta}^e$ 代入式（2-56）可得：

$$\Phi^e = \int_V \frac{1}{2}(\boldsymbol{B} \cdot \boldsymbol{\delta}^e - \varepsilon_0)^{\mathrm{T}} \boldsymbol{D}(\boldsymbol{B} \cdot \boldsymbol{\delta}^e - \varepsilon_0)\mathrm{d}V \tag{2-57}$$

化简式（2-57）可得：

$$\Phi^e = \frac{1}{2}\int_V ((\boldsymbol{\delta}^e)^{\mathrm{T}} \cdot \boldsymbol{B}^{\mathrm{T}} \cdot \boldsymbol{D} \cdot \boldsymbol{B} \cdot \boldsymbol{\delta}^e - (\boldsymbol{\delta}^e)^{\mathrm{T}} \cdot \boldsymbol{B}^{\mathrm{T}} \cdot \boldsymbol{D} \cdot \varepsilon_0 - \varepsilon_0^{\mathrm{T}} \cdot \boldsymbol{D} \cdot \boldsymbol{B} \cdot \boldsymbol{\delta}^e + \varepsilon_0^{\mathrm{T}} \cdot \boldsymbol{D} \cdot \varepsilon_0)\mathrm{d}V \tag{2-58}$$

式中第一项是由于机械载荷所产生的应变能：

$$\Phi_L^e = \frac{1}{2}\int_V ((\boldsymbol{\delta}^e)^{\mathrm{T}} \cdot \boldsymbol{B}^{\mathrm{T}} \cdot \boldsymbol{D} \cdot \boldsymbol{B} \cdot \boldsymbol{\delta}^e)\mathrm{d}V \tag{2-59}$$

式（2-58）中第二项和第三项合并后得到的为温度变化产生的应变能：

$$\Phi_T^e = \int_V ((\boldsymbol{\delta}^e)^{\mathrm{T}} \cdot \boldsymbol{B}^{\mathrm{T}} \cdot \boldsymbol{D} \cdot \varepsilon_0)\mathrm{d}V \tag{2-60}$$

式（2-58）中最后（第四）项是常数，在令 $\frac{\mathrm{d}\Phi^e}{\mathrm{d}\delta^e} = 0$ 而得到的平衡方程中，它将被去掉不起作用。

则机械载荷和温度载荷分别表示为：

$$\boldsymbol{F}^e = \int_V (\boldsymbol{B}^{\mathrm{T}} \cdot \boldsymbol{D} \cdot \boldsymbol{B})\mathrm{d}V\boldsymbol{\delta}^e \tag{2-61}$$

$$\boldsymbol{F}_t^e = \int_V (\boldsymbol{B}^{\mathrm{T}} \cdot \boldsymbol{D} \cdot \boldsymbol{\varepsilon}_0)\mathrm{d}V \tag{2-62}$$

则在机械载荷和温度载荷共同作用下的位移方程为：

$$\boldsymbol{k}\boldsymbol{\delta}^e = \boldsymbol{F}^e + \boldsymbol{F}_t^e \tag{2-63}$$

式中，$\boldsymbol{k}$ 为单元刚度矩阵；$\boldsymbol{\delta}^e$ 为单元节点位移矩阵；$\boldsymbol{F}^e$ 为单元力载荷；$\boldsymbol{F}_t^e$ 为单元温度载荷。

如果弹性体被划分为 n 个单元，总位移方程为：

$$\sum_{i=1}^{n} \boldsymbol{k}\boldsymbol{\delta}^e = \sum_{i=1}^{n} \boldsymbol{F}_i^e + \sum_{i=1}^{n} \boldsymbol{F}_{ti}^e \tag{2-64}$$

通过设定的边界条件，根据式（2-64）可以求解出节点的位移，进而得出单元的应变和热应力。

2.5.2　等效节点热载荷求解

将式（2-9）中的应变矩阵 $\boldsymbol{B}$，弹性矩阵 $\boldsymbol{D}$ 代入式（2-62）中，积分后结果为：

$$\boldsymbol{F}_t^e = [0 \quad 0 \quad 0 \quad 0 \quad 0 \quad E\cdot\alpha\cdot(T_0-T_1)\cdot A \quad 0 \quad 0 \quad 0 \quad 0 \quad 0 \quad -E\cdot\alpha\cdot(T_0-T_1)\cdot A]^{\mathrm{T}} \tag{2-65}$$

式中，α 为线膨胀系数；T_1 为稳态温度场；T_0 为初始温度场。

当如图 2-3 所示空间柔顺单元节点 j 的 6 个自由度全部被约束，节点 i 等效节点热载荷 $\boldsymbol{F}_{ti}^e$ 可表示为：

$$\boldsymbol{F}_{ti}^e = [0 \quad 0 \quad 0 \quad 0 \quad 0 \quad E\cdot\alpha\cdot(T_0-T_1)\cdot A]^{\mathrm{T}} \tag{2-66}$$

为了得到全局坐标系等效节点热载荷，利用式（2-18）中的位置转换矩阵 $\boldsymbol{N}_R^{(a)}$，得到全局坐标系等效节点热载荷 $\boldsymbol{FT}$ 为：

$$\boldsymbol{FT} = \sum_{a=1}^{C}[\boldsymbol{N}_R^{(a)}]\cdot[0 \quad 0 \quad 0 \quad 0 \quad 0 \quad E\cdot\alpha\cdot(T_0-T_1)\cdot A]^{\mathrm{T}} \tag{2-67}$$

式中，C 为柔顺单元的个数。

将 $\boldsymbol{FT}$ 表示成各方向分量的形式为：

$$\boldsymbol{FT} = [f_{xt} \quad f_{yt} \quad f_{zt} \quad \tau_{xt} \quad \tau_{yt} \quad \tau_{zt}]^{\mathrm{T}} = [\boldsymbol{f}_t \quad \boldsymbol{\tau}_t]^{\mathrm{T}} \tag{2-68}$$

利用二范数可求出力等效节点热载荷和力矩等效节点热载荷的值为：

$$\begin{cases} Ft = \sqrt{f_{xt}^2 + f_{yt}^2 + f_{zt}^2} \\ Mt = \sqrt{\tau_{xt}^2 + \tau_{yt}^2 + \tau_{zt}^2} \end{cases} \tag{2-69}$$

若并联柔顺机构受到温度的影响，利用上式可以方便求出等效节点热载荷。

2.6　并联柔顺机构多目标优化设计

在对柔顺机构优化设计过程中，为了使机构的设计适合实际要求，有时要考虑多个评价准则，因而需建立多个目标函数来保证设计的柔顺机构整体性能达到最优。

2.6.1 多目标优化问题描述

多目标优化是指在一组条件约束下优化多个目标函数，若有 p 个目标函数和 m 个约束条件，则优化模型可表示为[80]：

$$\begin{cases} \min f_1(\boldsymbol{X}) \\ \min f_2(\boldsymbol{X}) \\ \vdots \\ \min f_p(\boldsymbol{X}) \\ g_1(\boldsymbol{X}) \geqslant 0 \\ g_2(\boldsymbol{X}) \geqslant 0 \\ \vdots \\ g_m(\boldsymbol{X}) \geqslant 0 \end{cases} \tag{2-70}$$

式中，$\boldsymbol{X}=[X_1X_2\cdots X_n]^{\mathrm{T}};p\geqslant 2;m\geqslant 0$。

将以上多目标优化表示成向量形式为：

$$\begin{cases} \min \boldsymbol{F}(\boldsymbol{X}) \\ \text{s. t. } \boldsymbol{G}(\boldsymbol{X}) \geqslant \boldsymbol{0} \end{cases} \tag{2-71}$$

式中，$\boldsymbol{F}(\boldsymbol{X})=[f_1(\boldsymbol{X})f_2(\boldsymbol{X})\cdots f_p(\boldsymbol{X})]^{\mathrm{T}};\boldsymbol{G}(\boldsymbol{X})=[g_1(\boldsymbol{X})g_2(\boldsymbol{X})\cdots g_m(\boldsymbol{X})]^{\mathrm{T}}$。

2.6.2 多目标优化求解方法

多目标优化有多种求解方法，大致分为两类：直接法和间接法。直接法是指直接求解出非劣解，之后从中筛选较优的解，如约束法等。间接法又包括两种方法：一种方法是将多目标优化问题重新建立一个函数，从而将多目标优化问题转化为单目标求解问题，如线性加权和法、极大极小法、理想点法和目标达到法等；另一种方法是将多目标优化问题转变为一系列单目标优化问题，如分层排序法。列举几种多目标优化求解方法如下：

(1) 线性加权和法。

根据各个子目标函数的重要程度，分别赋予相应的权数，之后将这些带权数的子目标函数相加求和构成统一目标函数，优化模型可以表示为[81]：

$$\begin{cases} \min f(\boldsymbol{X}) = \sum\limits_{i=1}^{p} w_i f_i(\boldsymbol{X}) \\ \text{s. t. } g_j(\boldsymbol{X}) \leqslant 0 \ (j=1,2,\cdots,m) \end{cases} \tag{2-72}$$

式中，$\boldsymbol{X}=[X_1X_2\cdots X_n]^{\mathrm{T}}$ 为设计变量矢量；$f_i(\boldsymbol{X})$ 为第 i 个目标函数；$g_j(\boldsymbol{X})$ 为第 j 个约束函数；w_i 为第 i 个目标函数的权重，$w_i \geqslant 0$，且 $\sum_{i=1}^{p} w_i = 1$。

（2）理想点法。

对每一个目标函数提出所期望的值，通过选择实际值与期望值之间的偏差来选择问题的解，其数学表达式为[82]：

$$\begin{cases} \min f(\boldsymbol{X}) = \left(\sum_{i=1}^{p} w_i \| f_i(\boldsymbol{X}) - f_i^* \|^q \right)^{\frac{1}{q}} \\ \text{s. t. } g_j(\boldsymbol{X}) \leqslant 0 (j = 1,2,\cdots,m) \end{cases} \tag{2-73}$$

式中，$\boldsymbol{X}=[X_1X_2\cdots X_n]^{\mathrm{T}}$，$\boldsymbol{X}$ 为设计变量矢量；f_i^* 为第 i 个目标函数的期望值；$f_i(\boldsymbol{X})$ 为第 i 个目标函数的实际值；$g_j(\boldsymbol{X})$ 为第 j 个约束函数；w_i 为第 i 个权系数，$w_i \geqslant 0$；q 为惩罚因子，$1 \leqslant q \leqslant +\infty$。

（3）目标达到法。

先设计与目标函数相应的一组期望目标值 $F_i^*(i=1,2,\cdots,p)$，各个目标对应的权重系数 $w_i(i=1,2,\cdots,p)$，再设 γ 为松弛因子，则多目标优化问题转化为[83]：

$$\begin{cases} \min \gamma \\ \text{s. t. } F_i(\boldsymbol{X}) - w_i \cdot \gamma \leqslant F_i^* \ (i=1,2,\cdots,p) \\ \qquad g_j(\boldsymbol{X}) \leqslant 0 \qquad (j=1,2,\cdots,m) \end{cases} \tag{2-74}$$

式中，$\boldsymbol{X}=[X_1X_2\cdots X_n]^{\mathrm{T}}$，$\boldsymbol{X}$ 为设计变量矢量；γ 为松弛因子变量；$F_i(\boldsymbol{X})$ 为第 i 个目标函数；$g_j(\boldsymbol{X})$ 为第 j 个约束函数。

综合分析以上求解方法，线性加权和法计算简单易懂，包含全部原始数据指标变量，但该方法采用的是主观权重，客观性相对较差。理想点法是根据被评价对象与理想目标的接近程度求解，但当某些问题不存在绝对最优解的情况下，理想目标很难确定。目标达到法相比前两种方法的优点是不漏解、目标明确、计算量小。

2.6.3 空间并联柔顺机构性能指标优化模型

常见柔顺单元的截面形状有圆柱形和矩形，现以矩形截面柔顺单元性能指标优化为例，为综合考虑柔顺机构的性能指标，并减小温度场对柔顺机构的影响，以力灵敏度和力矩灵敏度作为优化目标，以各向同性度和节点温度载荷作为约束条件，对柔顺单元进行多目标优化，其优化模型可表示为：

$$\begin{cases}\min\gamma \\ \text{s. t. } s_F(\boldsymbol{X}) - w_1 \cdot \gamma \leqslant goal_1 \\ s_M(\boldsymbol{X}) - w_2 \cdot \gamma \leqslant goal_2 \\ p_1 \leqslant s_F(\boldsymbol{X}) \leqslant q_1 \\ p_2 \leqslant s_M(\boldsymbol{X}) \leqslant q_2 \\ p_3 \leqslant \mu_F(\boldsymbol{X}) \leqslant q_3 \\ p_4 \leqslant \mu_M(\boldsymbol{X}) \leqslant q_4 \\ p_5 \leqslant Ft(\boldsymbol{X}) \leqslant q_5 \\ p_6 \leqslant Mt(\boldsymbol{X}) \leqslant q_6 \\ lb_1 \leqslant t \leqslant ub_1 \\ lb_2 \leqslant b \leqslant ub_2 \end{cases} \tag{2-75}$$

式中，γ 为松弛因子；$s_F(\boldsymbol{X})$ 为力灵敏度目标函数；$s_M(\boldsymbol{X})$ 为力矩灵敏度目标函数；$\boldsymbol{X}=[bt]^{\mathrm{T}}$ 为设计变量矢量；w_1、w_2 为目标权重；$goal_1$、$goal_2$ 为目标函数希望达到的值；p_1、p_2、p_3、p_4、p_5 和 p_6 为上限约束值；q_1、q_2、q_3、q_4、q_5 和 q_6 为下限约束值；$s_F(\boldsymbol{X})$、$s_M(\boldsymbol{X})$ 分别为力灵敏度和力矩灵敏度目标函数；$\mu_F(\boldsymbol{X})$、$\mu_M(\boldsymbol{X})$ 分别为力各向同性度和力矩各向同性度约束函数；Ft 为力等效节点热载荷函数；Mt 为力矩等效节点热载荷函数；lb_1、lb_2 为设计变量上限值；ub_1、ub_2 为设计变量的下限值。

2.7 并联柔顺机构可视化软件

为了便于并联柔顺机构的设计，以自由度约束互补拓扑理论作为设计工具，空间柔顺机构性能指标和热弹性力学性能作为目标，对柔顺机构进行多目标优化，开发出可视化的多自由度并联柔顺机构设计软件，界面如图 2-4 所示。

并联柔顺机构可视化软件由 3 个主要模块组成：自由度和约束空间构型库、几何参数模块和性能指标优化模块。该软件具有以下优点：1）实现了并联柔顺机构的可视化设计，在自由度和约束空间构型库中，可以方便选择所需的自由度空间；2）对于几何参数模块，只需按要求输入柔顺单元的设计参数，能够方便计算出性能指标和等效节点热载荷；3）性能指标优化模块可以对并联柔顺机构的参数进行优化；4）设计者不需有较多的经验，只需按照设计步骤就可以完成机构的设计。下面详细介绍该软件。

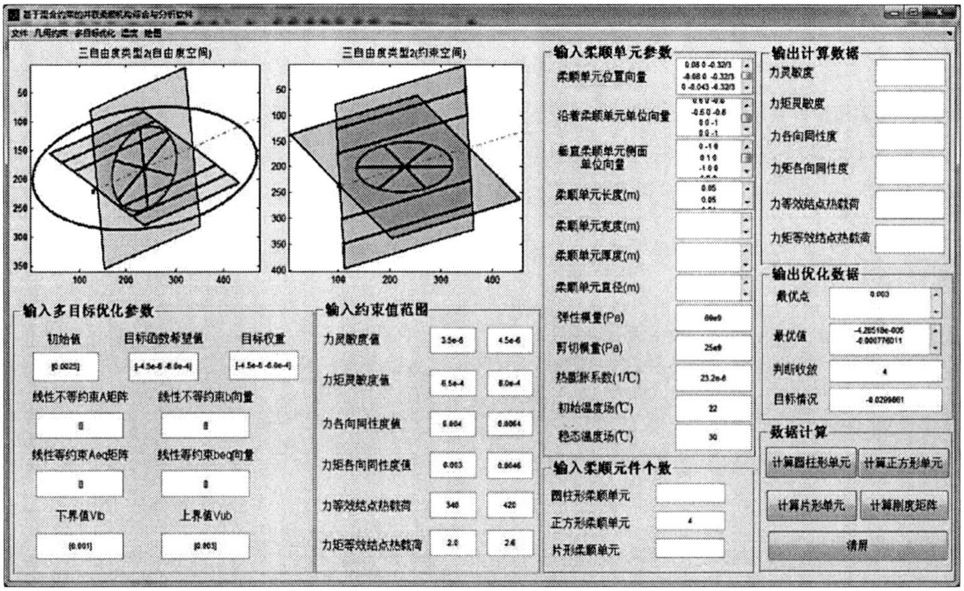

图 2-4　并联柔顺机构可视化软件界面

（1）自由度和约束空间构型库。

选取自由度空间可以通过单击如图 2-4 所示的菜单栏上几何约束按钮。在构型库中选取合适的自由度空间和约束空间，从约束空间中选择非冗余约束和冗余约束，即可获得期望的多自由度的并联柔顺机构。图 2-5 所示为从构型库中选择了两自由度类型 1 自由度和约束空间。

（2）几何参数模块。

该模块可以计算圆柱形柔顺单元、正方形柔顺单元以及片形柔顺单元的性能指标和等效节点热载荷。如果计算正方形柔顺单元的性能指标，需要在几何参数模块中输入柔顺单元的设计参数，通过单击图 2-4 的计算正方形单元按钮，可以计算出力灵敏度、力矩灵敏度、力各向同性度和力矩各向同性度性能指标以及力等效节点热载荷和力矩等效节点热载荷。单击图 2-4 的计算刚度矩阵按钮，可以获得并联柔顺机构的刚度矩阵。

（3）性能指标优化模块。

性能指标的优化方式有两种，一种是以力灵敏度和力矩灵敏度作为目标函数，另一种是以力各向同性度和力矩各向同性度作为目标函数。具体的优化步骤是在图 2-4 界面中输入多目标优化参数和约束值范围，单击菜单栏上的多目标优化按钮，从子菜单中选取一种优化方式，就可以方便计算出设计变量的最优点和目标函数的最优值，根据收敛和目标情况的值可以判断优化的参数是否合理。通

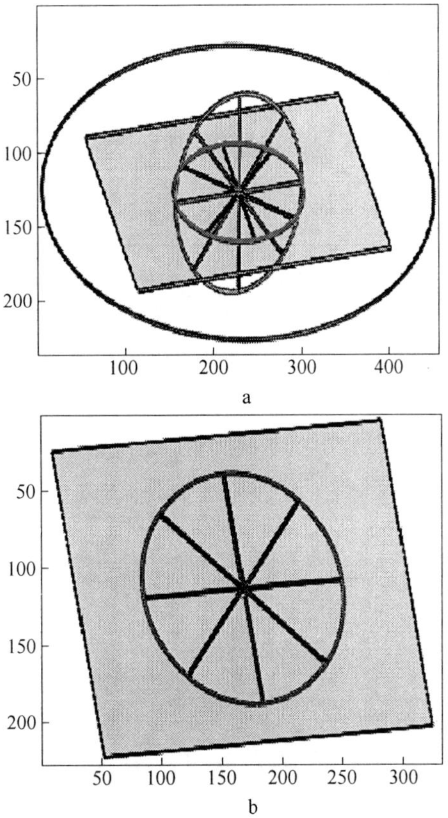

图 2-5　两自由度类型 1 自由度和约束空间
a—两自由度类型 1 自由度空间；b—两自由度类型 1 约束空间

过对性能指标的优化，有利于设计出结构简单、加工方便、性能指标较优的并联柔顺机构。

2.8　并联柔顺机构样机设计

根据上述的多自由度并联柔顺机构设计软件，设计出三自由度的并联柔顺机构样机。具体设计和计算过程如下：

(1) 选择合适的自由度和约束空间。

本文要设计一种三自由度的并联柔顺机构样机，要求该机构能够实现两个旋转和一个移动。根据如图 2-4 所示的并联柔顺机构可视化软件界面，在菜单栏几何约束构型库中，选择符合要求的自由度和约束空间。为了满足三自由度的并联柔顺机构样机设计要求，在自由度和约束空间中，优先选择三自由度类型 2 自由度和约束空间，如图 2-6 所示。

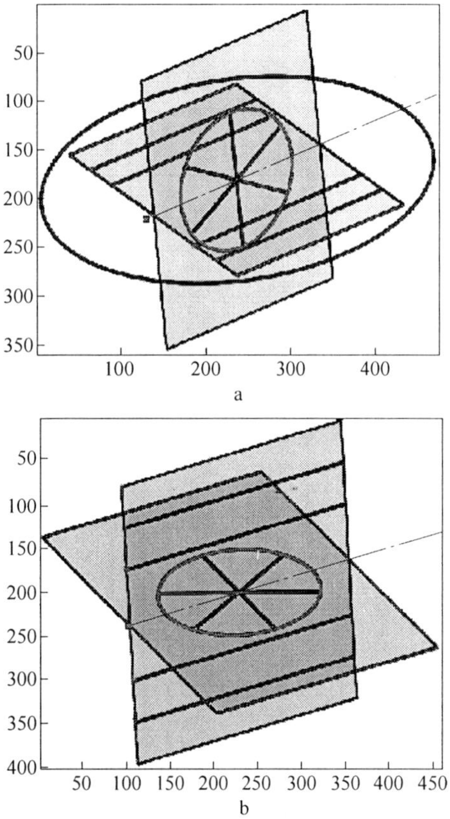

图 2-6　三自由度类型 2 自由度和约束空间

a—三自由度类型 2 自由度空间；b—三自由度类型 2 约束空间

（2）并联柔顺机构样机约束的选择。

在图 2-6 的约束空间中选择 3 个非冗余的约束，即从一个平面选择两个非冗余约束，从另一个平面选择第三个非冗余约束，搭建出三自由度并联柔顺机构。搭建出的样机能够满足要求的空间运动，但受温度场影响时会产生较大热膨胀误差，因此需要添加冗余约束来提高机构的稳定性，添加一个冗余约束后获得的并联柔顺机构如图 2-7 所示。

并联柔顺机构柔顺单元采用正方形柔顺单元，现设定柔顺单元 a_1 和 a_2 的长度为 0.04m，柔顺单元 b_1 和 b_2 的长度为 0.05m。采用铝合金作为柔顺单元材料，弹性模量为 69GPa，剪切模量为 25GPa，热膨胀系数为 23.2×10^{-6}。设定初始温度场为 22℃，稳态温度场为 30℃。将图 2-7 柔顺单元 b_1 和 b_2 延长线的交点作为全局坐标系的原点，四个柔顺单元的位置矢量 $\boldsymbol{L}$ 是从全局坐标系原点指向各柔顺

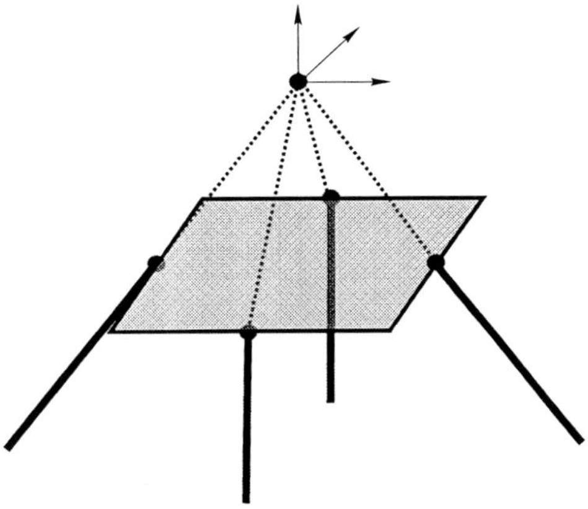

图 2-7 具有冗余约束的并联柔顺机构示意图

单元与工作台接触点，局部坐标系位于柔顺单元与工作台接触点，根据图 2-7 计算出 $\boldsymbol{L}$、$\boldsymbol{n}_2$ 和 $\boldsymbol{n}_3$ 参数如下：

$$\boldsymbol{L}=\begin{bmatrix} 0.08 & 0 & -0.32/3 \\ -0.08 & 0 & -0.32/3 \\ 0 & -0.043 & -0.32/3 \\ 0 & 0.063 & -0.32/3 \end{bmatrix} \tag{2-76}$$

$$\boldsymbol{n}_2=\begin{bmatrix} 0 & -1 & 0 \\ 0 & 1 & 0 \\ -1 & 0 & 0 \\ 1 & 0 & 0 \end{bmatrix} \tag{2-77}$$

$$\boldsymbol{n}_3=\begin{bmatrix} 0.6 & 0 & -0.8 \\ -0.6 & 0 & -0.8 \\ 0 & 0 & -1 \\ 0 & 0 & -1 \end{bmatrix} \tag{2-78}$$

以力灵敏度和力矩灵敏度作为目标函数，正方形柔顺单元的边长为设计变量，在图 2-4 所示界面上设置约束条件，单击多目标优化按钮中的力和力矩灵敏度正方形柔顺单元按钮，求得设计变量的最优点和目标函数的最优值如图 2-8 所示。判断收敛的值大于零，说明该多目标优化收敛，优化后的柔顺单元正方形界面边长为 0.003m。

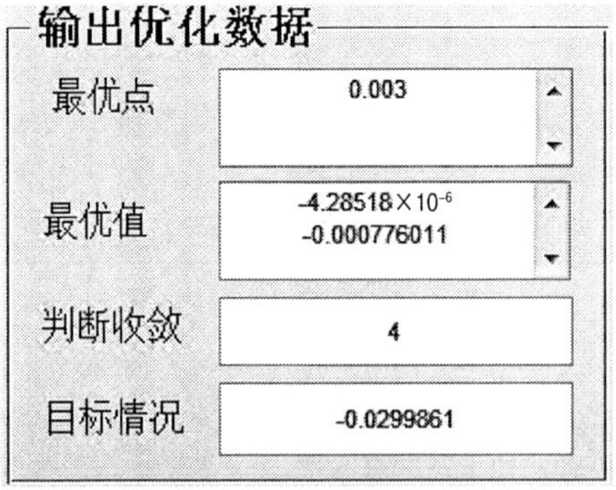

图 2-8　可视化界面中并联柔顺机构的优化数据

2.9　本章小结

本章阐述了自由度约束拓扑理论中自由度空间、约束空间的构建过程，给出了并联柔顺机构刚度矩阵的推导过程，并对柔顺机构的各向同性度、力灵敏度等性能指标进行了分析。基于热弹性理论，建立了并联柔顺机构热平衡方程，求解出力等效节点热载荷和力矩等效节点热载荷。对圆柱形柔顺单元、正方形柔顺单元和片形柔顺单元分别建立了灵敏度优化模型和各向同性度优化模型，实现了对并联柔顺机构参数的多目标优化。开发出了可视化的多自由度并联柔顺机构设计软件，介绍了 3 个模块的主要功能和操作，并用此软件设计出三自由度的并联柔顺机构样机。

3　基于平面曲梁柔顺单元的柔顺机构

本章给出了圆弧曲梁静力学分析的解析解，使用等几何法对任意平面曲梁进行静、动力学分析，并通过实例验证等几何法分析的准确性。将等几何方法与自由度约束拓扑理论相结合，设计并分析平面曲梁柔顺机构，并对其进行参数优化。

3.1　圆弧曲梁静力学分析

首先建立圆弧曲梁的局部坐标系和流动坐标系，在局部坐标系下，得到圆弧曲梁两节点处内力向量之间的转换关系。利用能量变分原理及卡氏第二定理，推导出了曲梁柔顺单元刚度矩阵的解析解，最后研究了温度载荷对圆弧曲梁变形的影响。

3.1.1　圆弧曲梁的局部坐标系与流动坐标系

如图3-1 所示，圆弧曲梁的半径为r_0，曲率中心为c，两端节点为i、j。在整体坐标系$oxyz$中，圆弧曲梁的几何中心位置c和其两端节点i、j的坐标唯一。节点i、j处的坐标系$ix_iy_iz_i$和$jx_jy_jz_j$为圆弧曲梁的局部坐标系。在圆弧曲梁上任意位置建立流动坐标系$pxyz$，x轴为圆弧曲梁轴线的切线方向，y轴为圆弧曲梁轴线的法线方向，z轴垂直于圆弧曲梁所在平面。

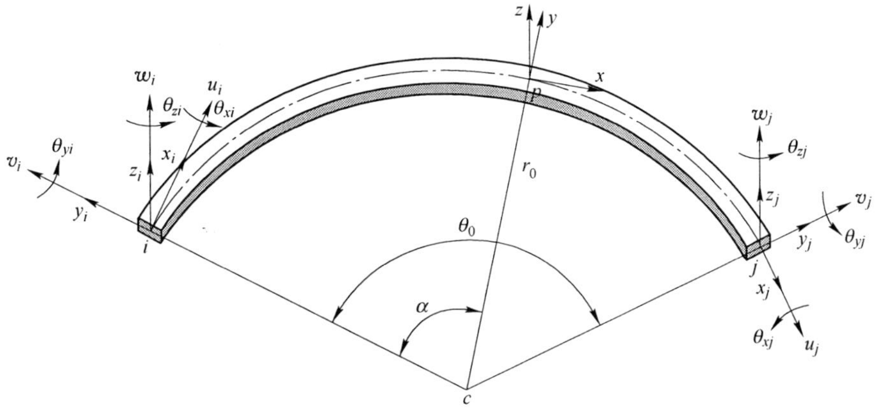

图3-1　圆弧曲梁的局部坐标系与流动坐标系

3.1.2　局部坐标系下的内力向量

如图 3-2 所示，在局部坐标系 $ix_iy_iz_i$ 下，节点 i 处的 3 个线位移分别为切向位移 $\boldsymbol{u}_i$、法向位移 $\boldsymbol{v}_i$ 和横向位移 $\boldsymbol{w}_i$，3 个角位移分别为扭转角 $\boldsymbol{\theta}_{xi}$、弯曲转角 $\boldsymbol{\theta}_{yi}$ 和弯曲转角 $\boldsymbol{\theta}_{zi}$。对应着轴向力 $\boldsymbol{F}_{xi}$、法向剪力 $\boldsymbol{F}_{yi}$、横向剪力 $\boldsymbol{F}_{zi}$，扭矩 $\boldsymbol{M}_{xi}$、面外弯矩 $\boldsymbol{M}_{yi}$ 和面内弯矩 $\boldsymbol{M}_{zi}$。j 处的节点位移和节点力的定义与 i 处相同。节点 i、j 处的节点位移 $\boldsymbol{\delta}_i^e$、$\boldsymbol{\delta}_j^e$ 和节点力 $\boldsymbol{F}_i^e$、$\boldsymbol{F}_j^e$ 可表示为：

$$\begin{cases}\boldsymbol{\delta}_i^e = [\,u_i\ v_i\ w_i\ \theta_{xi}\ \theta_{yi}\ \theta_{zi}\,]^{\mathrm{T}} \\ \boldsymbol{\delta}_j^e = [\,u_j\ v_j\ w_j\ \theta_{xj}\ \theta_{yj}\ \theta_{zj}\,]^{\mathrm{T}} \\ \boldsymbol{F}_i^e = [\,F_{xi}\ F_{yi}\ F_{zi}\ M_{xi}\ M_{yi}\ M_{zi}\,]^{\mathrm{T}} \\ \boldsymbol{F}_j^e = [\,F_{xj}\ F_{yj}\ F_{zj}\ M_{xj}\ M_{yj}\ M_{zj}\,]^{\mathrm{T}}\end{cases} \tag{3-1}$$

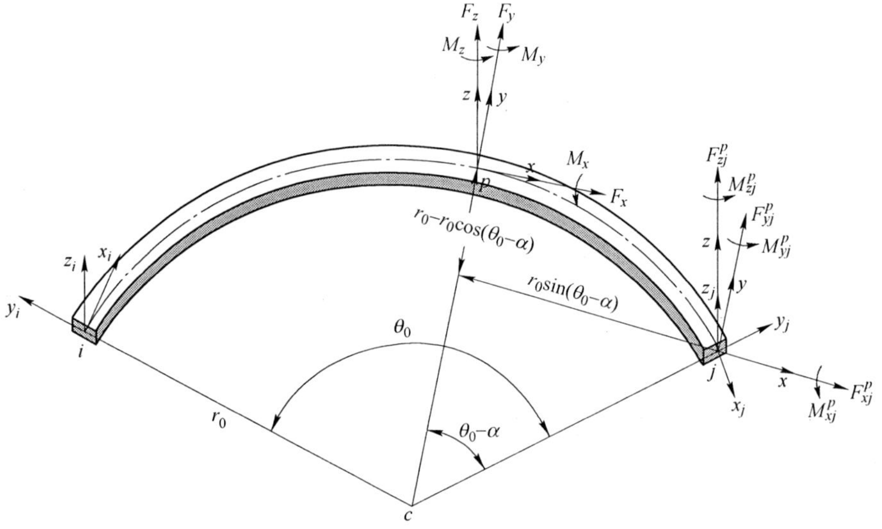

图 3-2　圆弧曲梁 p 处的内力向量

轴线上任意一点 p 处的内力向量 $\boldsymbol{F}_p$ 为：

$$\boldsymbol{F}_p = [\,F_x\ F_y\ F_z\ M_x\ M_y\ M_z\,]^{\mathrm{T}} \tag{3-2}$$

在节点 j 处作与 p 处流动坐标系坐标轴方向相同的坐标系 $jxyz$，则在坐标系 $jxyz$ 下，j 的节点的力向量 $\boldsymbol{F}_j^p$ 为：

$$\boldsymbol{F}_j^p = [\,F_{xj}^p\ F_{yj}^p\ F_{zj}^p\ M_{xj}^p\ M_{yj}^p\ M_{zj}^p\,]^{\mathrm{T}} \tag{3-3}$$

由坐标变换关系得：

$$\boldsymbol{F}_j^p = \boldsymbol{T}_\alpha \boldsymbol{F}_j^e \tag{3-4}$$

式中

$$\boldsymbol{T}_\alpha = \begin{bmatrix} \cos(\theta_0-\alpha) & \sin(\theta_0-\alpha) & 0 & 0 & 0 & 0 \\ -\sin(\theta_0-\alpha) & \cos(\theta_0-\alpha) & 0 & 0 & 0 & 0 \\ 0 & 0 & 1 & 0 & 0 & 0 \\ 0 & 0 & 0 & \cos(\theta_0-\alpha) & \sin(\theta_0-\alpha) & 0 \\ 0 & 0 & 0 & -\sin(\theta_0-\alpha) & \cos(\theta_0-\alpha) & 0 \\ 0 & 0 & 0 & 0 & 0 & 1 \end{bmatrix} \tag{3-5}$$

矢量 $\boldsymbol{pj}$ 在流动坐标系 $pxyz$ 中记为：

$$\boldsymbol{pj} = [\, r_0\sin(\theta_0-\alpha) \quad -r_0[1-\cos(\theta_0-\alpha)] \quad 0\,] \tag{3-6}$$

由曲梁弧段 pj 的静力平衡条件得：

$$\begin{cases} \boldsymbol{F}_x + \boldsymbol{F}_{xj}^p = 0 \\ \boldsymbol{F}_y + \boldsymbol{F}_{yj}^p = 0 \\ \boldsymbol{F}_z + \boldsymbol{F}_{zj}^p = 0 \\ \boldsymbol{M}_x + \boldsymbol{M}_{xj}^p + y_{pj}\boldsymbol{F}_{zj}^p = 0 \\ \boldsymbol{M}_y + \boldsymbol{M}_{yj}^p - x_{pj}\boldsymbol{F}_{zj}^p = 0 \\ \boldsymbol{M}_z + \boldsymbol{M}_{zj}^p + x_{pj}\boldsymbol{F}_{yj}^p - y_{pj}\boldsymbol{F}_{xj}^p = 0 \end{cases} \tag{3-7}$$

结合式（3-2）和式（3-3），将式（3-7）写成矩阵形式为：

$$\boldsymbol{F}_p = \boldsymbol{S}_\alpha \boldsymbol{F}_j^p \tag{3-8}$$

式中

$$\boldsymbol{S}_\alpha = \begin{bmatrix} -1 & 0 & 0 & 0 & 0 & 0 \\ 0 & -1 & 0 & 0 & 0 & 0 \\ 0 & 0 & -1 & 0 & 0 & 0 \\ 0 & 0 & -y_{pj} & -1 & 0 & 0 \\ 0 & 0 & x_{pj} & 0 & -1 & 0 \\ y_{pj} & -x_{pj} & 0 & 0 & 0 & -1 \end{bmatrix} \tag{3-9}$$

将式（3-4）代入式（3-8）得：

$$\boldsymbol{F}_p = \boldsymbol{H}_\beta \boldsymbol{F}_j^e；\ \boldsymbol{H}_\beta = \boldsymbol{S}_\alpha \boldsymbol{T}_\alpha \tag{3-10}$$

将 $\beta = \theta_0 - \alpha$ 代入式（3-5）得：

$$\boldsymbol{H}_\beta = \begin{bmatrix} -\cos\beta & \sin\beta & 0 & 0 & 0 & 0 \\ \sin\beta & -\cos\beta & 0 & 0 & 0 & 0 \\ 0 & 0 & -1 & 0 & 0 & 0 \\ 0 & 0 & r_0(1-\cos\beta) & -\cos\beta & -\sin\beta & 0 \\ 0 & 0 & r_0\sin\beta & \sin\beta & -\cos\beta & 0 \\ r_0(1-\cos\beta) & -r_0\sin\beta & 0 & 0 & 0 & -1 \end{bmatrix} \tag{3-11}$$

3.1.3 圆弧曲梁柔顺单元的刚度矩阵

如图3-2所示，将圆弧曲梁柔顺单元的 i 端各自由度约束，则总应变能可表示为：

$$\boldsymbol{U} = \frac{1}{2}\int_0^{\theta_0} (\boldsymbol{F}_p)^{\mathrm{T}} \boldsymbol{D}^{-1} \boldsymbol{F}_p \boldsymbol{r}_0 \mathrm{d}\alpha \tag{3-12}$$

式中

$$\boldsymbol{D} = \begin{bmatrix} EA & 0 & 0 & 0 & 0 & 0 \\ 0 & GA_y & 0 & 0 & 0 & 0 \\ 0 & 0 & GA_z & 0 & 0 & 0 \\ 0 & 0 & 0 & GJ & 0 & 0 \\ 0 & 0 & 0 & 0 & EI_y & 0 \\ 0 & 0 & 0 & 0 & 0 & EI_z \end{bmatrix} \tag{3-13}$$

式中，E 为弹性模量；G 为剪切模量；A 为圆弧曲梁的横截面积；A_y、A_z 为横截面的有效抗剪切面积，$A_y = A_z = A/f_s$；f_s 为横截面的剪切形状系数；I_y、I_z 为横截面的惯性矩；J 为横截面的极惯性矩。

由式（3-10）和式（3-12）得：

$$\boldsymbol{U} = \frac{1}{2}(\boldsymbol{F}_j^e)^{\mathrm{T}} \boldsymbol{C} \boldsymbol{F}_j^e \tag{3-14}$$

式中

$$C = r_0\int_0^{\theta_0} \boldsymbol{H}_\beta^{\mathrm{T}}\boldsymbol{D}^{-1}\boldsymbol{H}_\beta \mathrm{d}\beta \tag{3-15}$$

根据卡氏第二定理：

$$\boldsymbol{\delta}_j^e = \frac{\partial \boldsymbol{U}}{\partial \boldsymbol{F}_j^e} \tag{3-16}$$

可以得到：

$$\boldsymbol{\delta}_j^e = \boldsymbol{C}\boldsymbol{F}_j^e \tag{3-17}$$

式中，$\boldsymbol{C}$ 为圆弧曲梁柔顺单元 j 端的柔度矩阵。

设 $\varepsilon_1 = \dfrac{2\theta_0 + \sin 2\theta_0}{4}$，$\varepsilon_2 = \dfrac{2\theta_0 - \sin 2\theta_0}{4}$，$\varepsilon_3 = \theta_0 - \sin\theta_0$，由式（3-15）可得：

$$\boldsymbol{C} = \begin{bmatrix} C_{11} & C_{12} & 0 & 0 & 0 & C_{16} \\ C_{21} & C_{22} & 0 & 0 & 0 & C_{26} \\ 0 & 0 & C_{33} & C_{34} & C_{35} & 0 \\ 0 & 0 & C_{43} & C_{44} & C_{45} & 0 \\ 0 & 0 & C_{53} & C_{54} & C_{55} & 0 \\ C_{61} & C_{62} & 0 & 0 & 0 & C_{66} \end{bmatrix} \tag{3-18}$$

式中 $C_{11} = \dfrac{r_0\varepsilon_1}{EA_x} + \dfrac{r_0\varepsilon_2}{GA_y} + \dfrac{r_0^3(2\varepsilon_3 - \varepsilon_2)}{EI_z}$；

$C_{12} = C_{21} = -\dfrac{r_0\sin^2\theta_0}{2EA_x} + \dfrac{r_0\sin^2\theta_0}{2GA_y} + \dfrac{r_0^3(2 - 2\cos\theta_0 - \sin^2\theta_0)}{2EI_z}$；

$C_{16} = C_{61} = -\dfrac{r_0^2\varepsilon_3}{EI_z}$；

$C_{22} = \dfrac{r_0\varepsilon_2}{EA_x} + \dfrac{r_0\varepsilon_1}{GA_y} + \dfrac{r_0^3\varepsilon_2}{EI_z}$；

$C_{26} = C_{62} = -\dfrac{r_0^2(1 - \cos\theta_0)}{EI_z}$；

$C_{33} = \dfrac{r_0\theta_0}{GA_z} + \dfrac{r_0^3(2\varepsilon_3 - \varepsilon_2)}{GJ_x} + \dfrac{r_0^3\varepsilon_2}{EI_y}$；

$C_{34} = C_{43} = -\dfrac{r_0^2(\sin\theta_0 - \varepsilon_1)}{GJ_x} + \dfrac{r_0^2\varepsilon_2}{EI_y}$；

$$C_{35}=C_{53}=\frac{r_0^2(2-2\cos\theta_0-\sin^2\theta_0)}{2GJ_x}+\frac{r_0^2\sin^2\theta_0}{2EI_y};$$

$$C_{44}=\frac{r_0\varepsilon_1}{GJ_x}+\frac{r_0\varepsilon_2}{EI_y};$$

$$C_{45}=C_{54}=-\frac{r_0\sin^2\theta_0}{2GJ_x}+\frac{r_0\sin^2\theta_0}{2EI_y};$$

$$C_{55}=\frac{r_0\varepsilon_1}{EI_y}+\frac{r_0\varepsilon_2}{GJ_x};$$

$$C_{66}=\frac{r_0\theta_0}{EI_z}。$$

j 端的刚度矩阵为 $\boldsymbol{K}_{jj}=\boldsymbol{C}^{-1}$，即：

$$\boldsymbol{F}_j^e=\boldsymbol{K}_{jj}\boldsymbol{\delta}_j^e \tag{3-19}$$

在式（3-11）中，将 $\alpha=0$ 时的 $\boldsymbol{H}_\beta$ 记为 $\boldsymbol{H}$ 则有：

$$\boldsymbol{H}=\begin{bmatrix} -\cos\theta & \sin\theta & 0 & 0 & 0 & 0\\ \sin\theta & -\cos\theta & 0 & 0 & 0 & 0\\ 0 & 0 & -1 & 0 & 0 & 0\\ 0 & 0 & r_0(1-\cos\theta) & -\cos\theta & -\sin\theta & 0\\ 0 & 0 & r_0\sin\theta & \sin\theta & -\cos\theta & 0\\ r_0(1-\cos\theta) & -r_0\sin\theta & 0 & 0 & 0 & -1 \end{bmatrix} \tag{3-20}$$

由单元刚度矩阵的对称性易得，在局部坐标系 $ix_iy_iz_i$ 下，圆弧曲梁的刚度矩阵为：

$$\boldsymbol{K}^e=\begin{bmatrix} \boldsymbol{HK}_{jj}\boldsymbol{H}^{\mathrm{T}} & \boldsymbol{HK}_{jj}\\ \boldsymbol{K}_{jj}\boldsymbol{H}^{\mathrm{T}} & \boldsymbol{K}_{jj} \end{bmatrix} \tag{3-21}$$

3.2 B 样条与 NURBS

3.2.1 B 样条基函数的定义及性质

B 样条基函数是一种特殊构造的分段多项式函数，在研究其基函数之前，需要给定一个参数空间，定义 $\boldsymbol{U}=[\xi_1,\xi_2,\xi_3,\cdots,\xi_{n+p+1}]$ 是一个单调不减的实数序列，即 $\xi_i\leqslant\xi_{i+1},i=0,1,\cdots,n+p+1$。其中，$\xi_i$ 为样条曲线的节点；p 为样条曲线基函数的阶次；n 为构建样条曲线基函数的总个数；$\boldsymbol{U}$ 为给定的参数区间，即节点矢量；则基函数可定义为：

$$\begin{aligned} N_{i,0}(\xi)&=\begin{cases}1,若\ \xi_i\leqslant\xi\leqslant\xi_{i+1}\\ 0,其他\end{cases}\\ N_{i,p}(\xi)&=\frac{\xi-\xi_i}{\xi_{i+p}-\xi_i}N_{i,p-1}(\xi)+\frac{\xi_{i+p+1}-\xi}{\xi_{i+p+1}-\xi_{i+1}}N_{i+1,p-1}(\xi)\end{aligned} \tag{3-22}$$

如果参数域中的所有相邻节点皆是等距分布，则称该节点矢量为均匀型（uniform）；反之，称为非均匀型（non-uniform）。节点坐标是可以重复的，如果节点矢量中相邻的两个或两个以上的节点坐标点相同，则称这些节点为重复节点，节点的重复次数称为节点重复度，若该节点的重复度为 k，则称该节点为 k 重节点。如果节点矢量的首末两个节点均为 $p+1$ 重节点，则称该节点矢量是开放的，本文中的曲梁柔顺单元将以开放型节点矢量为研究对象。

B 样条基函数主要具有以下几条重要性质：

（1）（规范性）对所有的 $\xi \in [0,1]$，都有 $\sum_{i=0}^{n} N_{i,p}(\xi) = 1$；

（2）（局部支撑性）如果 $\xi \notin [\xi_i, \xi_{i+1})$，则 $N_{i,p}(\xi) = 0$；

（3）（非负性）对所有的 i，p 和 ξ，均有 $N_{i,p} \geqslant 0$；

（4）（可微性）在节点区间内部，$N_{i,p}(\xi)$是无限次可微的，在节点处 $N_{i,p}(\xi)$ 是连续可微的，其中 k 是节点的重复度。因此，增加次数将提高曲线的连续性，而增加节点的重复度则使连续性降低。

现举一例，令开放型节点矢量 $\boldsymbol{U} = [0,0,0,1/3,4/3,5/3,7/3,3,3,3]$，B 样条基函数的阶次为 2，控制点个数 $n=7$，根据式（3-22）绘制出其基函数的图形，如图 3-3 所示。

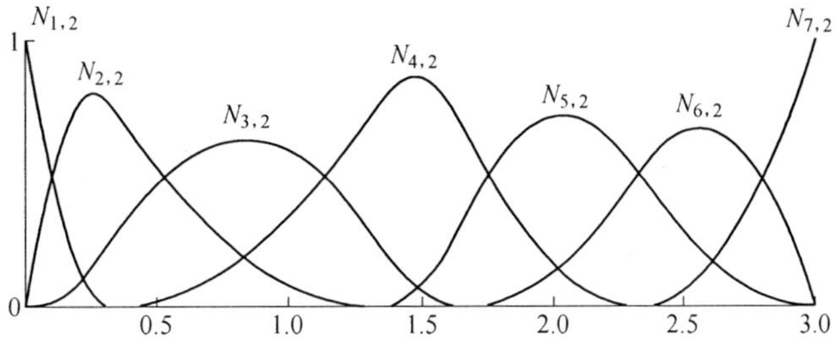

图 3-3　二次 B 样条基函数的图形

3.2.2　B 样条基函数的导数

给定一个节点矢量 $\boldsymbol{U}$，次数 p，由式（3-22），第 i 个节点基函数的求导公式为：

$$N'_{i,p}(\xi) = \frac{p}{\xi_{i+p} - \xi_i} N_{i,p-1}(\xi) - \frac{p}{\xi_{i+p+1} - \xi_{i+1}} N_{i+1,p-1}(\xi) \tag{3-23}$$

记 $N_{i,p}^{(k)}$ 为 $N_{i,p}(\xi)$ 的 k 阶导数，得到基函数的导数公式为：

$$N_{i,p}^{(k)} = p\left(\frac{N_{i,p}^{(k-1)}}{\xi_{i+p} - \xi_i} - \frac{N_{i+1,p-1}^{(k-1)}}{\xi_{i+p+1} - \xi_{i+1}}\right) \tag{3-24}$$

$N_{i,p}(\xi)$的 k 阶导数整理后得：

$$N_{i,p}^{(k)} = \frac{p!}{(p-k)!}\sum_{j=0}^{k} a_{k,j} N_{i+j,p-k} \tag{3-25}$$

式中，$a_{0,0}=1$；$a_{k,0}=\dfrac{a_{k-1,0}}{\xi_{i+p-k+1}-\xi_i}$；$a_{k,j}=\dfrac{a_{k-1,j}-a_{k-1,j-1}}{\xi_{i+p-j+1}-\xi_{i+1}}$，$j=1, 2, \cdots, k-1$；$a_{k,k}=\dfrac{-a_{k-1,k-1}}{\xi_{i+p+1}-\xi_{i+k}}$；$k$ 不应超过 p（所有高于阶次 p 的导数均为零）；某些项的分母中节点之差可能为零，规定这种情况商为零。

3.2.3　B 样条曲线的定义及性质

B 样条曲线是通过一系列样条基函数的线性组合来构造的，令节点矢量为 $\boldsymbol{U}$，$N_{i,p}(\xi)$ 为节点矢量 $\boldsymbol{U}$ 上的 p 阶基函数，P_i 为控制点，则 p 次 B 样条曲线可以定义为：

$$C(\xi) = \sum_{i=1}^{n} N_{i,p}(\xi) P_i \tag{3-26}$$

一般来说，B 样条曲线除了两端的控制点以外，基函数插值不会经过其他的控制点。由上节所提到的基函数性质可知，B 样条曲线具有如下性质：

（1）$C(\xi)$ 是分段多项式曲线（因为 $N_{i,p}(\xi)$ 是分段多项式函数）；次数 p、控制点个数 $n+1$ 和节点个数 $m+1$ 满足关系式 $m=n+p+1$；

（2）（端点插值性）$C(0)=P_0, C(1)=P_n$；

（3）（仿射不变性）对 B 样条曲线进行仿射变换，所得的曲线仍为 B 样条曲线；进一步，对原曲线的控制点进行仿射变换，便得到变换后曲线的控制点；

（4）（局部修改性）移动 P_i 只改变 $C(\xi)$ 在区间 $[\xi_i, \xi_{i+1})$ 上的形状；

（5）（连续性和可微性）$C(\xi)$ 在节点区间内是无限次可微的，在重复度为 k 的节点处至少是 $p-k$ 次连续可微的；

（6）（强凸包性）曲线 $C(\xi)$ 包含在它的控制多边形的凸包内。控制多边形是对 B 样条曲线的一个分段线性逼近，这种逼近可以通过插入节点和升阶来改进。

3.2.4　NURBS 曲线的定义及性质

常规 B 样条曲线难以描述标准的解析模型，为了弥补这一问题，NURBS 样条曲线在 B 样条曲线的基础上引进了权因子。每个控制点对应一个权因子，每个权因子的数值决定了曲线与相应控制点的距离；因此 NURBS 样条曲线不仅可以像 B 样条曲线一样通过改变控制点坐标和基函数来改变曲线形状，还可以通过改变权因子来改变曲线形状，进一步为各种形状设计提供了灵活性。p 次 NURBS 曲线定义为：

$$C(\xi) = \frac{\sum_{i=1}^{n} N_{i,p}(\xi)\omega_i \boldsymbol{P}_i}{\sum_{i=1}^{n} N_{i,p}(\xi)\omega_i} \tag{3-27}$$

式中，$N_{i,p}(\xi)$ 是 B 样条定义在开放型节点矢量 $\boldsymbol{U}$ 上的基函数；ω_i 为权因子；$\boldsymbol{P}_i$ 为控制点。

由式（3-27）可知，当 NURBS 曲线的权因子全部相等时，NURBS 曲线就变为了 B 样条。因此，也可以说 B 样条是特殊的 NURBS 曲线。

式（3-27）可以改写为如下形式：

$$C(\xi) = \sum_{i=1}^{n} R_{i,p}(\xi)\boldsymbol{P}_i \tag{3-28}$$

式中，$R_{i,p} = \dfrac{\omega_i N_{i,p}(\xi)}{\sum_{j=1}^{n}\omega_j N_{i,p}(\xi)}$；$R_{i,p}(\xi)$ 称为有理基函数，它们是 $\xi \in [0,1]$ 上的分段有理函数。

当节点向量 $\boldsymbol{U}=[0,0,0,0.2,0.4,0.5,0.8,1,1,1]$，权因子 $\omega_i = [1\quad 0.8\quad 1.2\quad 0.8\quad 0.9\quad 1.2\quad 1]$ 时，可以做出此 NURBS 基函数的图形，如图 3-4a 所示。添加 7 个控制点 $\boldsymbol{P}_i$，可以绘制出 NURBS 曲线，如图 3-4b 所示。

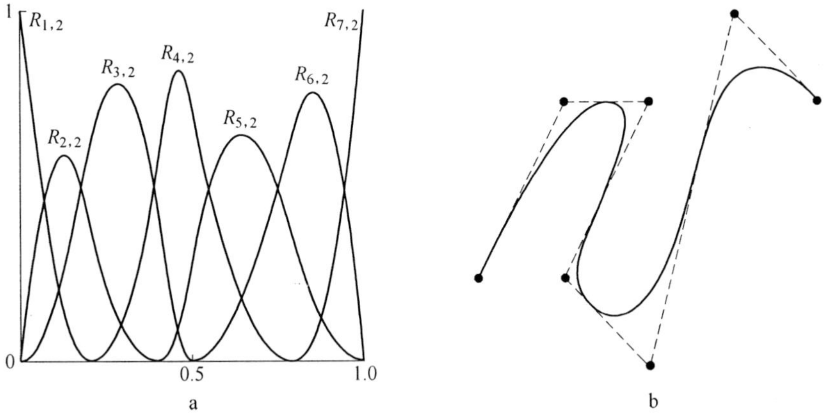

图 3-4 NURBS 基函数与 NURBS 曲线

a—NURBS 基函数；b—NURBS 曲线

3.3　等几何分析过程

等几何分析作为一种新型数值计算方法，实现了 CAD 和 CAE 的无缝连接。等几何分析根据 NURBS（非均匀有理 B 样条）构型原理直接构建几何模型，采用 NURBS 基函数代替传统的拉格朗日形函数直接参与计算，使得几何与分析有了统一的数学表达，其求解精度远高于传统有限元。

3.3.1　等参变换

等几何分析的基本思想是将精确描述几何模型的基函数作为数值计算过程中的形函数；单元的几何形状和单元内的场函数采用相同数目的节点参数及相同的插值函数进行变换称之为等参变换，它能够将几何与分析有效地结合起来。等参变换是有限元分析中常见的变换方法，其变换的单元又被称为等参元。对于实际生活中具有复杂几何形状的工程问题经常使用等参元进行有限元离散。然而，等几何的等参变换又与有限元的等参变换过程略微不同，传统有限元的等参变换是用逼近未知求解域的插值函数来近似已知的几何模型，换言之，是先在具有规则形状的单元上构造位移插值函数，然后将这个形状规则的单元通过坐标变换映射到复杂的几何模型。而等几何分析则相反，等几何分析利用能够精确表达几何模型的 NURBS 基函数去逼近并求解几何模型。

因为等几何基函数是定义在节点矢量这一参数域中，因此，等几何分析在进行等参转换时需要进行两次转换，一次是从几何区域的物理单元映射到基函数定义的参数单元，另一次是从参数单元映射到用于求解的母单元。

等几何分析过程中引入等参概念，将未知变量表示为插值基函数与系数的线性组合，其中插值基函数与描述几何形状的基函数相同，系数通常为自由度或控制顶点变量。等几何分析与传统的有限元方法相比较，最显著的特征是等几何分析能够用精确表示几何模型的 NURBS 基函数来描述变量，如位移、应力、应变等；而传统的有限元对几何模型的网格划分采用的是拉格朗日插值函数，构造模型的样条曲线采用多段直线去逼近，无法像等几何一样精准的表示几何模型。

3.3.2　网格细化

等几何分析采用 NURBS 曲线对模型进行网格划分，NURBS 是样条曲线，可以通过改变节点矢量，控制点及基函数的阶次来调节曲线的形状和段数，实现网格的细化。等几何分析中单元的细分环节独立于初始的几何，并且模型保持不变，仅仅需要通过改变参数空间的参数值即可实现，省去了烦琐而耗时的网格重划过程。网格细化方法主要有三种：h-细化、p-细化、k-细化。其中，h-细化主要是通过节点插入来实现网格的细化；p-细化是通过 NURBS 基函数的升阶来实现网格的细化；而 k-细化则结合了两者的优点，插入节点同时也改变基函数的阶次进行网格的细化。

(1) h-细化：节点插入。

给定一个开放型节点矢量 $\boldsymbol{U}=[\xi_1,\xi_2,\cdots,\xi_{n+p+1}]$，向任意两个节点$[\xi_k,\xi_{k+1}]$插入一个新的节点 ξ。由于新节点的插入，原来的节点矢量发生了变化，新的节点矢量为 $\overline{\boldsymbol{U}}=[\xi_1,\xi_2,\cdots,\xi_k,\xi,\xi_{k+1},\cdots,\xi_{n+p+1}]$。NURBS 基函数的个数也由原来的 n 变为了 $n+1$，新的 $n+1$ 个基函数可以由式（3-22）递推求得。新的 $n+1$ 个控制点$[\overline{P}_1,\overline{P}_2,\cdots,\overline{P}_n]$可以由原控制点$[P_1,P_2,\cdots,P_n]$通过下式求得

$$\overline{\boldsymbol{P}}_i=\alpha_i\boldsymbol{P}_i+(1-\alpha_i)\boldsymbol{P}_{i-1} \tag{3-29}$$

式中

$$\alpha_i=\begin{cases}1, & 1\leqslant i\leqslant k-p\\ \dfrac{\overline{u}-u_i}{u_{i+p}-u_i}, & k-p+1\leqslant i\leqslant k\\ 0, & k+1\leqslant 1\leqslant n+p+2\end{cases} \tag{3-30}$$

通过 h-细化方法，可以得到更多求解所需的基函数，同时保持原有曲线的形状不变。随着插入的节点数越来越多，单元数也会越来越多，网格细化程度也会越来越高。

(2) p-细化：基函数升阶。

由基函数的性质可知，基函数在单元边界是 $p-k$ 次连续可导的，所以当基函数阶次 p 升高时，节点矢量中节点值的重复度 k 必须也同时升高，只有这样才能保证原始曲线单元连接处的连续性不变。在升阶过程中，每个节点的重复度增加 1，但没有新的节点值增加。和 h-细化一样采用节点插入的方法插入已知的节点值，将单元划分成多段，然后将划分后的单元阶次分别升高，最后移除多余的节点，将各曲线段合并便得到一个细化后的高阶 B 样条曲线，升阶后的新控制点可以由下式确定：

$$\overline{\boldsymbol{p}}=(1-\alpha_i)\boldsymbol{p}_i+\alpha_i\boldsymbol{p}_{i-1} \tag{3-31}$$

式中，$\alpha_i=\dfrac{i}{p+1},i=0,1,\cdots,p+1$。

细化后控制点和基函数的数量均增加 1，以达到细化的目的。与 h-细化相同的是升阶后的曲线几何形状与原始曲线相同，不同的是 p-细化后单元的网格也没有变化。

(3) k-细化：h-细化与 p-细化的结合。

对于以上介绍的 h-细化与 p-细化方法，两种方法不仅能够单独使用，还能够进行结合形成一种新的细化方案，称为 k-细化。该方法在网格细化的过程中保证了样条曲线的连续性，提升了计算结果的精度。

将一个节点值 $\overline{\xi}$，插入 p 次曲线的两个不同节点值之间，那么在 $\overline{\xi}$ 处基函数

是 $p-1$ 次连续的。升阶后基函数的阶次变为 q，则节点的重复度也会随之增加，但基函数在 $\bar{\xi}$ 处的连续性不会发生变化，仍然为 $p-1$。因此，先插入节点 $\bar{\xi}$，然后进行升阶的方法不能保证样条曲线的连续性。相反的，如果先将基函数的阶次升为 q，然后再插入节点值 $\bar{\xi}$，那么基函数在新插入的节点 $\bar{\xi}$ 处的连续性也为 $q-1$，所以先升阶再插入节点的方法可以很好地保证样条曲线的连续性。这种细化方案也就是 k-细化，是等几何方法中特有的细化方案。

3.4　曲梁的基本力学方程

材料力学中经典的 Euler-Bernoulli 梁理论[84]忽略翘曲和横向剪切变形的影响，用于分析细长梁是十分有效的。然而对于深梁、复合材料梁以及高频模态等问题，横向剪切变形不可以忽略不计。因此，考虑剪切变形的 Timoshenko 梁理论[85]便成为更有效的梁理论。本节将从一般曲梁入手，在考虑剪切变形的情况下，建立模型的力学方程。

如图 3-5 所示，在物理坐标系 xoy 下，曲梁的总长度为 L，单元上任意点 $p(s)$ 的位置 $s\in[0,L]$。在 $p(s)$ 处的曲率半径为 R，建立局部坐标系 xoy，其中 x 轴是曲梁轴线的切线方向，y 轴为曲梁的法线方向，z 轴垂直 x 轴和 y 轴所确定的平面。对于平面曲梁来说，每个节点有 3 个自由度，分别为 $\boldsymbol{u}$、$\boldsymbol{v}$ 和 $\boldsymbol{\theta}$，其中 $\boldsymbol{u}$ 为节点沿 x 轴的切向位移，$\boldsymbol{v}$ 为沿 y 轴的法向位移，$\boldsymbol{\theta}$ 为绕着 z 轴的转角位移，与之相对应的 3 个外部载荷分别为 $\boldsymbol{q}_u$、$\boldsymbol{q}_v$、$\boldsymbol{m}$。$\boldsymbol{M}$、$\boldsymbol{N}$ 和 $\boldsymbol{T}$ 分别是 $p(s)$ 处的轴向力、剪切力和弯矩，分别对应轴向应变 $\boldsymbol{\varepsilon}$、剪切应变 $\boldsymbol{\gamma}$ 和弯曲应变 $\boldsymbol{\chi}$。根据结构力学原理[86]可以建立曲梁单元的基本力学方程。

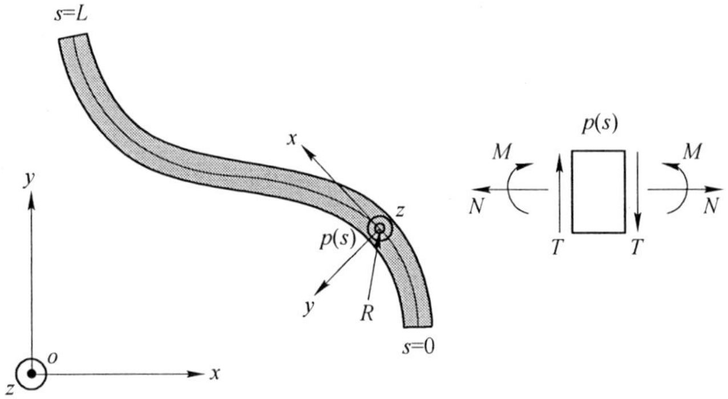

图 3-5　曲梁的力学模型

平衡方程：

$$\frac{\mathrm{d}\boldsymbol{N}}{\mathrm{d}s}-\frac{\boldsymbol{T}}{R}+\boldsymbol{q}_u=0,\ \frac{\mathrm{d}\boldsymbol{T}}{\mathrm{d}s}+\frac{\boldsymbol{N}}{R}+\boldsymbol{q}_v=0,\ \frac{\mathrm{d}\boldsymbol{M}}{\mathrm{d}s}-\boldsymbol{T}+\boldsymbol{m}=0 \tag{3-32}$$

几何方程：

$$\boldsymbol{\varepsilon}=\frac{\mathrm{d}\boldsymbol{u}}{\mathrm{d}s}-\frac{\boldsymbol{v}}{R},\ \boldsymbol{\gamma}=\boldsymbol{\theta}+\frac{\mathrm{d}\boldsymbol{v}}{\mathrm{d}s}-\frac{\boldsymbol{u}}{R},\ \boldsymbol{\chi}=\frac{\mathrm{d}\boldsymbol{\theta}}{\mathrm{d}s} \tag{3-33}$$

物理方程：

$$\boldsymbol{N}=EA\boldsymbol{\varepsilon},\ \boldsymbol{T}=GA\boldsymbol{\gamma},\ \boldsymbol{M}=EI\boldsymbol{\chi} \tag{3-34}$$

式中，E 为材料的弹性模量；G 为剪切模量；A 为曲梁的横截面积；I 为横截面的惯性矩。

3.5 曲梁柔顺单元的等几何分析

利用等几何方法对曲梁柔顺单元进行分析之前，首先必须使用 NURBS 样条进行几何模型的构建。令节点向量为 $\boldsymbol{U}=[\xi_1,\xi_2,\xi_3,\cdots,\xi_m]$，基函数为 $R_{i,p}(\xi)$，其中 $\xi=\dfrac{L}{S}$。在物理坐标系 xoy 中，设控制点的坐标为 $\boldsymbol{P}_i$，在参数域中单元节点 $p(s)$ 处的坐标为 $(x(\xi),y(\xi))$，由式（3-28）可得，两个定义域内的坐标有如下关系：

$$x(\xi)=\sum_{i=1}^{n}R_{i,p}(\xi)X_i,\ y(\xi)=\sum_{i=1}^{n}R_{i,p}(\xi)Y_i \tag{3-35}$$

使用 NURBS 基函数和控制点构建完几何模型以后，需要进行实体坐标单元、参数单元和母单元之间的坐标转换，曲梁模型的等参转换过程如图 3-6 所示。

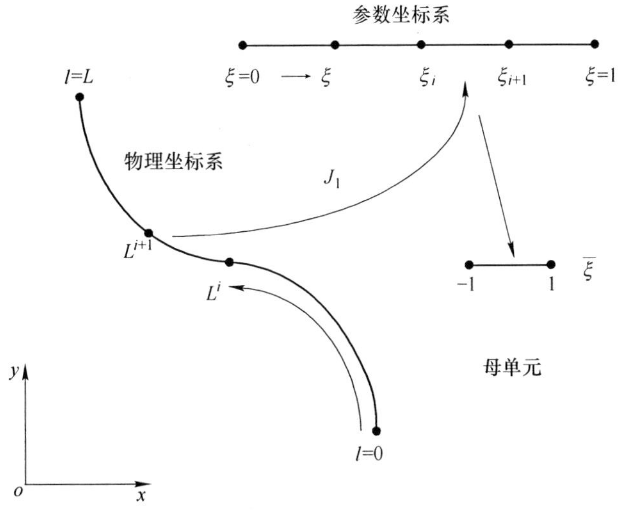

图 3-6 曲梁模型的等参转换过程

根据等参变换，将物理坐标系中的单元坐标转换为参数坐标系中节点坐标，得到单元长度 l 和曲率半径 R 为：

$$l = \int_{\xi_0=0}^{\xi_0=L} \sqrt{\left(\frac{\mathrm{d}x}{\mathrm{d}\xi_0}\right)^2 + \left(\frac{\mathrm{d}y}{\mathrm{d}\xi_0}\right)^2}\mathrm{d}\xi_0,\ R = \frac{J^3}{\frac{\mathrm{d}x}{\mathrm{d}x}\frac{\mathrm{d}^2 y}{\mathrm{d}z^2} - \frac{\mathrm{d}y}{\mathrm{d}z}\frac{\mathrm{d}^2 x}{\mathrm{d}z^2}} \tag{3-36}$$

式中，$J = \frac{\mathrm{d}l}{\mathrm{d}\xi} = \sqrt{\left(\frac{\mathrm{d}x}{\mathrm{d}\xi}\right)^2 + \left(\frac{\mathrm{d}y}{\mathrm{d}\xi}\right)^2}$。

对于平面曲梁来说，单元节点具有切向位移 u、法相位移 v 和垂直转角 θ 3 个自由度，控制点与之相对应自由度为 u_i、v_i 和 θ_i，用 NURBS 基函数作为形函数，位移场可描述为：

$$u = \sum_{i=1}^{n} R_{i,p}(x)u_i;\ v = \sum_{i=1}^{n} R_{i,p}(\xi)v_i;\ \theta = \sum_{i=1}^{n} R_{i,p}(\xi)\theta_i \tag{3-37}$$

式中，n 为控制点的个数。

将式（3-33）写成矩阵形式并与式（3-37）联立可得：

$$\begin{bmatrix} \varepsilon \\ \gamma \\ \varphi \end{bmatrix} = \begin{bmatrix} \frac{\mathrm{d}R_{i,p}}{\mathrm{d}l} & \frac{R_{i,p}}{R} & 0 \\ -\frac{R_{i,p}}{R} & \frac{\mathrm{d}R_{i,p}}{\mathrm{d}l} & R_{i,p} \\ 0 & 0 & \frac{\mathrm{d}R_{i,p}}{\mathrm{d}l} \end{bmatrix} \boldsymbol{u} = \boldsymbol{B}\boldsymbol{u}\ (i = 1,2,3,\cdots,n) \tag{3-38}$$

式中，$\boldsymbol{u}$ 为单元控制点位移矩阵；$\boldsymbol{B}$ 为几何矩阵。

由最小势能原理[87]，曲梁单元的势能为：

$$\Pi = U - W \tag{3-39}$$

式中，U 为应变能；W 为外力功。

对于如图 3-5 所示的曲梁，U 和 W 可分别表示为：

$$U = \frac{1}{2}\boldsymbol{u}^{\mathrm{T}}\boldsymbol{K}\boldsymbol{u} = \frac{1}{2}\int_0^L (EA\boldsymbol{\varepsilon}^2 + GA\boldsymbol{\gamma}^2 + EI\boldsymbol{\chi}^2)\mathrm{d}l \tag{3-40}$$

$$W = \boldsymbol{q}^{\mathrm{T}}\boldsymbol{u} = \int_0^L (q_u u + q_v v + m\theta)\mathrm{d}l \tag{3-41}$$

3 个自由度的值应使系统势能 Π 取极小值，即：

$$\min_{u,v,\theta}\left\{\frac{1}{2}\int_0^L(EA\boldsymbol{\varepsilon}^2+GA\boldsymbol{\gamma}^2+EI\boldsymbol{\chi}^2)\mathrm{d}l-\int_0^L(\boldsymbol{q}_u\boldsymbol{u}+\boldsymbol{q}_v\boldsymbol{v}+\boldsymbol{m}\boldsymbol{\theta})\mathrm{d}l\right\} \tag{3-42}$$

联立式（3-32）~式(3-42)，可得刚度矩阵 $\boldsymbol{K}$ 的表达形式为：

$$\boldsymbol{K}=\int\boldsymbol{B}^{\mathrm{T}}\boldsymbol{D}\boldsymbol{B}\mathrm{d}l=\int_0^L\begin{bmatrix}\frac{\mathrm{d}R_{i,p}}{\mathrm{d}l} & -\frac{R_{i,p}}{R} & 0\\ \frac{R_{i,p}}{R} & \frac{\mathrm{d}R_{i,p}}{\mathrm{d}l} & 0\\ 0 & 0 & \frac{\mathrm{d}R_{i,p}}{\mathrm{d}l}\end{bmatrix}\begin{bmatrix}EA & & \\ & GA & \\ & & EI\end{bmatrix}\begin{bmatrix}\frac{\mathrm{d}R_{i,p}}{\mathrm{d}l} & \frac{R_{i,p}}{R} & 0\\ -\frac{R_{i,p}}{R} & \frac{\mathrm{d}R_{i,p}}{\mathrm{d}l} & R_{i,p}\\ 0 & 0 & \frac{\mathrm{d}R_{i,p}}{\mathrm{d}l}\end{bmatrix}\mathrm{d}l$$

$$i=1,2,3,\cdots,n \tag{3-43}$$

单元的质量矩阵 $\boldsymbol{M}$ 可表示为：

$$\boldsymbol{M}=\int_0^L\begin{bmatrix}\rho AR_{i,p}R_{j,p} & 0 & 0\\ 0 & \rho AR_{i,p}R_{j,p} & 0\\ 0 & 0 & \rho IR_{i,p}R_{j,p}\end{bmatrix}\mathrm{d}l \tag{3-44}$$

写成矩阵形式可得：

$$\boldsymbol{M}=\int_0^L\begin{bmatrix}R_{i,p} & 0 & 0\\ 0 & R_{i,p} & 0\\ 0 & 0 & R_{i,p}\end{bmatrix}\begin{bmatrix}\rho A & & \\ & \rho A & \\ & & \rho I\end{bmatrix}\begin{bmatrix}R_{i,p} & 0 & 0\\ 0 & R_{i,p} & 0\\ 0 & 0 & R_{i,p}\end{bmatrix}\mathrm{d}l \tag{3-45}$$

式中，i 为控制点编号。

至此，平面任意曲梁的刚度矩阵和质量矩阵均已求出，剩下的求解过程与有限元过程类似。对于静力学分析，力与位移关系方程为[88]：

$$\boldsymbol{Ku}=\boldsymbol{F} \tag{3-46}$$

式中，$\boldsymbol{K}$ 为结构的刚度矩阵；$\boldsymbol{u}$ 为控制点位移矩阵；$\boldsymbol{F}$ 为控制点载荷矩阵。

而对于无阻尼自由振动情形下，振动方程为：

$$\boldsymbol{M}\boldsymbol{q}_t+\boldsymbol{K}\boldsymbol{q}_t=0 \tag{3-47}$$

该方程有解的形式为：

$$\boldsymbol{q}_t=\boldsymbol{q}e^{i\omega t} \tag{3-48}$$

这是简谐振动的形式，式中 ω 为常数，将其代入式（3-47）中，有：

$$(-\omega^2 \boldsymbol{Mq} + \boldsymbol{Kq}) e^{i\omega t} = 0 \tag{3-49}$$

消去 $e^{i\omega t}$ 后，可得：

$$(\boldsymbol{K} - \omega^2 \boldsymbol{M}) \boldsymbol{q} = 0 \tag{3-50}$$

该方程有非零解的条件是：

$$|\boldsymbol{K} - \omega^2 \boldsymbol{M}| = 0 \tag{3-51}$$

式（3-51）为特征方程，ω 为圆频率，对应的结构频率 $f = \dfrac{\omega}{2\pi}$。求出自然圆频率 ω 后，再将其代入式（3-50）中，可求出对应的特征向量 $\boldsymbol{q}$，这就是对应于振动频率 ω 的振型。

3.6　实例分析

3.6.1　平面任意圆弧曲梁静力学分析

由 3.2 节可知，通过 NURBS 构型原理可以构建出任意曲线。对于简单的圆弧曲梁，可以通过 3 个控制点的 2 次 NURBS 样条曲线进行构建。取控制点 P_1，P_2，P_3，坐标如图 3-7 所示，节点矢量为 $\boldsymbol{U} = [0,0,0,1,1,1]$，给定不同的权因子，可以在控制点围成的三角形 $P_1P_2P_3$ 中形成不同的 NURBS 曲线。为了便于描述，令 $\Delta P_1P_2P_3$ 的斜边 P_1P_3 为 1 号线段，两条直角边为 6 号线段，由 NURBS 曲线的性质和图 3-7 可以看出，当权因子越大时，曲线越逼近其控制点，整体形状越逼近于 6 号线，反之，越逼近于 1 号线。对图中曲线依次进行编号，每条曲线的权因子如表 3-1 所示。

表 3-1　不同曲线的权因子

曲线编号	2	3	4	5
权因子 ω	$\begin{bmatrix}1 & \frac{1}{2} & 1\end{bmatrix}$	$\begin{bmatrix}1 & \frac{\sqrt{2}}{2} & 1\end{bmatrix}$	$[1\quad 1\quad 1]$	$[1\quad 2\quad 1]$

设图中各组梁单元横截面均为边长 2mm 的正方形，弹性模量 E 为 73GPa，泊松比 μ 为 0.3，根据式（3-46）求得各组梁单元的刚度矩阵 $\boldsymbol{K}_{9\times 9}$，令 P_1 端固定，对自由端 P_3 分别施加 $\boldsymbol{F}_y = 100\text{N}$ 和 $\boldsymbol{M}_z = 100\text{N}\cdot\text{m}$ 的载荷，代入此边界条件，可以得到自由端沿 y 轴方向的位移和绕 z 轴方向的转角，将每组模型的部分求解结果列表可得表 3-2。

由表 3-2 可以看出，当权因子控制的曲线形状逐渐逼近 1 号线段或者 6 号线段时，其位移求解结果也在逐渐逼近传统有限元直梁单元求解结果。

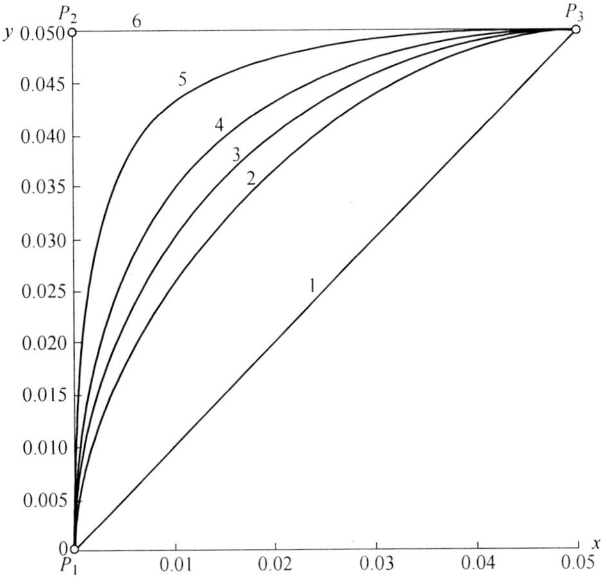

图 3-7 平面任意圆弧曲梁的构建与分析

表 3-2 不同权因子下曲梁的位移

载 荷	位 移	1	2	3	4	5	6
$\boldsymbol{F}_y=100\mathrm{N}$	u_y/mm	0.060552	0.0832	0.0957	0.1142	0.1663	0.1742
$\boldsymbol{M}_z=100\mathrm{N}\cdot\mathrm{m}$	θ_z/rad	72.648	82.4649	82.4265	83.8866	94.2721	102.7397

对于本节分析的一般平面曲梁，可以通过 3 个控制点的 2 次 NURBS 基函数进行参数化表达。对于任意 NURBS 曲线来说，随着权因子的增大，其几何图形的形状也在逐渐地逼近其控制点。为分析控制几何形状的权因子与刚度和固有频率的关系，保持材料的弹性模量、泊松比和横截面积等参数不变，控制点 P_1，P_2，P_3 坐标如图 3-7 所示。将 P_1 端固定，取 12 组不同的权因子，分别对不同权因子控制下的平面任意曲梁的 P_3 端施加 $\boldsymbol{F}_x=\boldsymbol{F}_y=100\mathrm{N}$，$\boldsymbol{M}_z=10\mathrm{N}\cdot\mathrm{m}$ 的载荷，求解得出各曲梁的力-位移关系以及固有频率等性能指标。不同权因子平面曲梁受力后的位移及固有频率的关系如图 3-8 所示。横坐标为权因子，纵坐标分别为各指标，其中图 3-8a 为不同载荷下的切向位移值；图 3-8b 为不同载荷下的法向位移值；图 3-8c 为不同载荷下的转角位移值；图 3-8d 为前三阶固有频率值。

由图 3-8 可以看出，随着权因子的不断增大，相同载荷下的位移值也在增大，结构的固有频率减小随后趋于稳定。

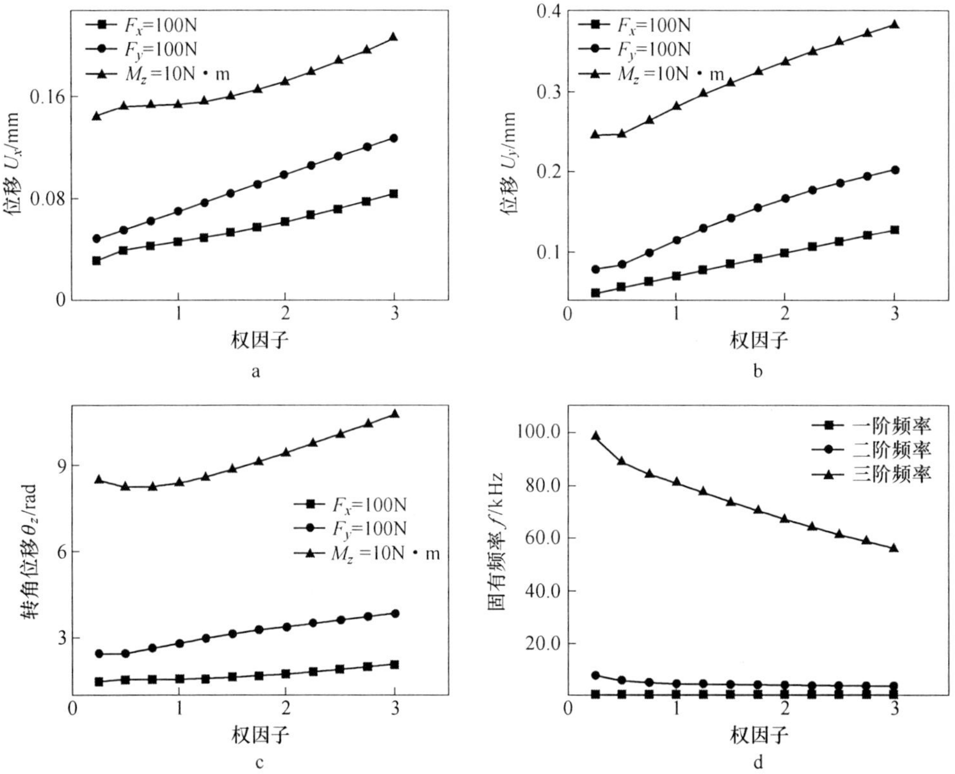

图 3-8　不同权因子平面曲梁受力后的位移及固有频率的关系

a—不同载荷下的切向位移；b—不同载荷下的法向位移；

c—不同载荷下的转角位移；d—前三阶固有频率值

3.6.2　四分之一圆弧曲梁静力学分析

对于现有的曲梁柔顺单元模型，主要采用两种方式进行分析：第一种方式是将曲梁划分为若干段细小的直梁，以此来近似模拟曲梁；第二种方式是直接构造一个曲梁单元来对曲线梁进行分析。采用第一种方式进行分析时，只要把直梁单元的数量以及相邻两个直梁单元的夹角控制在一定的范围内，那么计算精度是可以得到保证的[89]。因此本节将对平面四分之一标准圆弧曲梁进行等几何分析和有限元分析，同时与解析解[84]进行对比。

如图 3-9 所示的四分之一圆弧曲梁模型，半径 $R=50$mm，横截面为边长 2mm 的正方形，弹性模量 E 为 73GPa，泊松比 μ 为 0.3，密度 $\rho=2700\text{kg/m}^3$。曲梁单元的一端固定，一端自由。

图 3-9 四分之一圆弧曲梁模型

利用等几何分析时，首先要用 NURBS 样条曲线对模型进行精准建模。对于如图 3-9 所示的模型，可以采用 $p=2$ 次的 NURBS 样条进行描述，设节点向量为 $\boldsymbol{U}=[0,0,0,1,1,1]$；权因子 $\boldsymbol{\omega}_i$ 为 $[1\quad \sqrt{2}/2\quad 1]$；3 个控制点坐标分别为 $(-0.05,0)$、$(-0.05,0.05)$、$(0,0.05)$。由 NURBS 构型原理，绘制样条曲线以及控制点如图 3-10 所示。

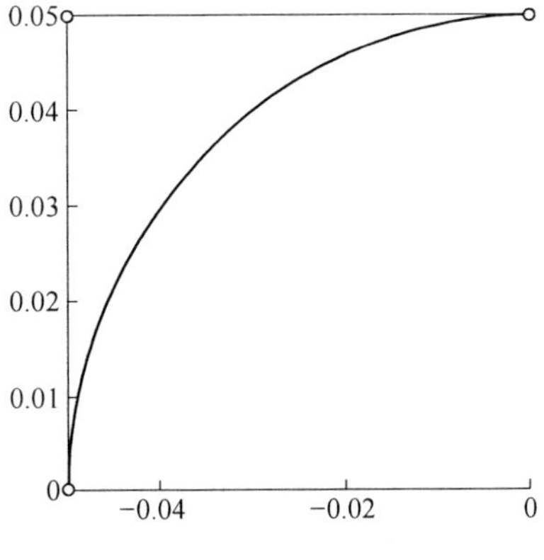

图 3-10 四分之一曲梁模型的参数化表达

构型完成以后，可根据式（3-40）和式（3-45）求解出该单元模型的刚度矩阵和质量矩阵。对曲梁柔顺单元的自由端分别施加 $\boldsymbol{F}_x = \boldsymbol{F}_y = 100\text{N}$ 以及 $\boldsymbol{M}_z = 100\text{N}\cdot\text{m}$ 的集中力，代入边界条件，根据式（3-46）和式（3-51）分别求解其静力学和动力学平衡方程。

使用等几何分析对该曲梁模型进行分析时，使用节点插入的方法进行细化，细化次数为 k 时，曲梁模型的单元数为 2^k 个，控制点个数为 2^k+2 个，每个控制点有 3 个自由度，随着细化程度的增加，其刚度矩阵的维度也在不断地增大，计算量也将随之增加。因此，对于不同模型，选择合适的细化次数和单元数，才能在保证计算精度的同时，简化其计算量。对本模型分别细化 1、2、3 次，得到 2、4、8 个单元数目下的数值解，将求解得到的各项数值解和解析解列入表 3-3 中。

表 3-3　等几何分析与 ANSYS 有限元解以及解析解的对比

载　荷	位　移		1 个单元	2 个单元	4 个单元	8 个单元	解析解
$\boldsymbol{F}_x = 100\text{N}$	IGA	$\boldsymbol{u}_x$/mm	0.0418	0.0425	0.0443	0.0458	0.0457
		$\boldsymbol{u}_y$/mm	−0.0617	−0.0628	−0.0634	−0.0642	−0.0642
		$\boldsymbol{\theta}_z$/rad	−1.5224	−1.4686	−1.4672	−1.4661	−1.4661
	ANSYS	$\boldsymbol{u}_x$/mm	0.0479	0.0405	0.0434	0.0448	0.0457
		$\boldsymbol{u}_y$/mm	−0.0627	−0.0355	−0.0449	−0.0497	−0.0642
		$\boldsymbol{\theta}_z$/rad	−1.5587	−1.4514	−1.4651	−1.4671	−1.4661
$\boldsymbol{F}_y = 100\text{N}$	IGA	$\boldsymbol{u}_x$/mm	−0.0617	−0.0628	−0.0634	−0.0642	−0.0642
		$\boldsymbol{u}_y$/mm	0.0957	0.0978	0.0992	0.1009	0.1009
		$\boldsymbol{\theta}_z$/rad	2.5989	2.5698	2.5657	2.5684	2.5685
	ANSYS	$\boldsymbol{u}_x$/mm	−0.0627	−0.0544	−0.0597	−0.0616	−0.0642
		$\boldsymbol{u}_y$/mm	0.0887	0.0507	0.0668	0.0752	0.1009
		$\boldsymbol{\theta}_z$/rad	2.373	2.3274	2.4597	2.507	2.5685
$\boldsymbol{M}_z = 100\text{N}\cdot\text{m}$	IGA	$\boldsymbol{u}_x$/mm	−1.5224	−1.4686	−1.4672	−1.4661	−1.4661
		$\boldsymbol{u}_y$/mm	2.5989	2.5698	2.5657	2.5684	2.5685
		$\boldsymbol{\theta}_z$/rad	82.4265	80.768	80.6569	80.6911	80.6916
	ANSYS	$\boldsymbol{u}_x$/mm	−1.5587	−1.226	−1.3509	−1.3994	−1.4661
		$\boldsymbol{u}_y$/mm	2.373	1.1768	1.592	1.8194	2.5685
		$\boldsymbol{\theta}_z$/rad	60.131	67.051	70.492	78.634	80.6916

将每次等几何分析的数值解分别与 ANSYS 的仿真解和解析解进行对比，当采用 8 个单元进行分析时，刚度矩阵为 $\boldsymbol{K}_{30\times30}$，代入边界条件得到的数值解与解析解接近，相同单元数的等几何分析数值解与 ANSYS 有限元仿真解相比，具有更高的精度。

表 3-4 给出了不同单元数目下该曲梁模型的模态分析结果，当节点细化次数

为 3 次，单元数为 8 个时，前三阶模态频率均与仿真结果一致。

表 3-4 等几何与 ANSYS 求解的模态结果对比 (Hz)

	1 个单元	2 个单元	4 个单元	8 个单元
IGA	350	300	290	286
	2480	2030	1659	1382
	8341	6922	5929	4454
ANSYS	307.2	291.74	288.72	287.66
	1436.4	1404.1	1390.4	1385.4
	6041.6	4440.7	4385.5	4366.7

3.6.3 两段圆弧组合曲梁静力学分析

柔顺机构往往是柔顺单元串联或并联的方式组成，因此，分析组合梁模型具有重要意义。如图 3-11 所示的曲梁组合模型，其弹性模量、横截面积等几何参数与上例完全相同，采用 $p=2$ 次的 NURBS 样条进行描述，设节点向量均为 $\boldsymbol{U}=[0,0,0,1,1,1]$；权因子 $\boldsymbol{\omega}_i$ 均为 $[1\quad \sqrt{2}/2\quad 1]$，每段单元的控制点如表 3-5 所示，根据 NURBS 曲线构型原理，绘制样条曲线及控制点如图 3-12 所示。

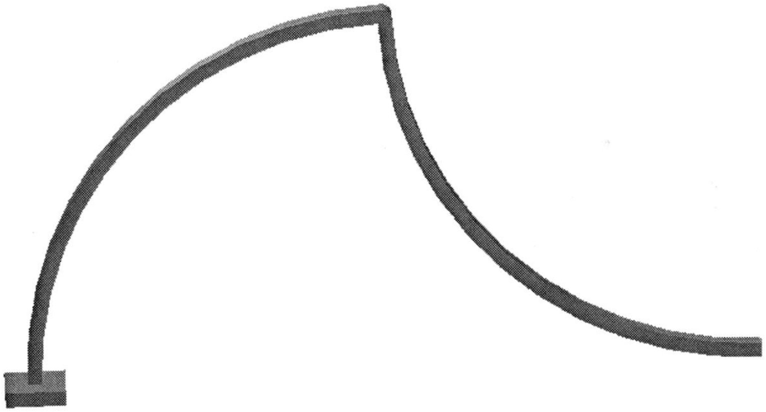

图 3-11 两段圆弧组合曲梁

表 3-5 单元划分与控制点

单　元	控 制 点
1 号单元	(−0.05,0)(−0.05,0.05)(0,0.05)
2 号单元	(0,0.05)(0,0)(0.05,0)

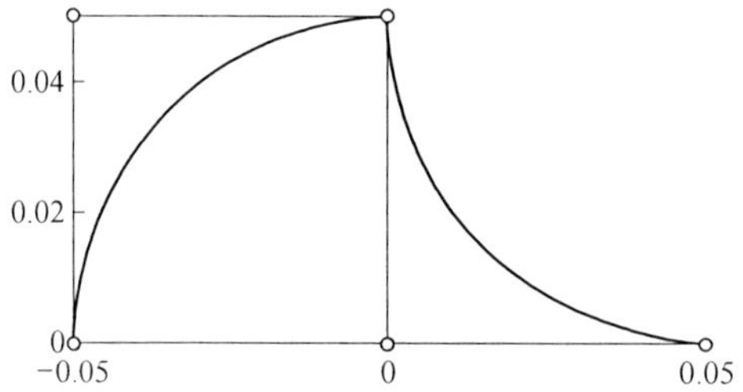

图 3-12 两段圆弧组合曲梁的参数化表达

等几何分析和有限元分析获得的位移和固有频率如表 3-6 和表 3-7 所示，利用等几何方法求得单元刚度矩阵后，首先经过坐标转换得到整体坐标系下的刚度矩阵，然后根据控制点顺序组装得到其整体刚度矩阵和质量矩阵，最后代入总的边界条件进行方程求解，得到的数值解与有限元法接近，且精度更高。

表 3-6 两段圆弧组合曲梁 IGA 与 ANSYS 解的结果对比

载 荷	位 移		1 个单元	2 个单元	4 个单元	8 个单元
$F_x=100$N	IGA	u_x/mm	0. 1375	0. 1405	0. 1435	0. 1467
		u_y/mm	0. 2599	0. 2570	0. 2566	0. 2568
		θ_z/rad	4. 1213	4. 0384	4. 0330	4. 0346
	ANSYS	u_x/mm	0. 13670	0. 12338	0. 13196	0. 13500
		u_y/mm	0. 23730	0. 16894	0. 19423	0. 20709
		θ_z/rad	3. 9317	3. 8773	3. 9009	3. 9064
$F_y=100$N	IGA	u_x/mm	0. 2599	0. 2570	0. 2566	0. 2568
		u_y/mm	0. 6573	0. 6290	0. 6566	0. 6603
		θ_z/rad	9. 3192	9. 1780	9. 1644	9. 1714
	ANSYS	u_x/mm	0. 27370	0. 20998	0. 22962	0. 23664
		u_y/mm	0. 61130	0. 46210	0. 51964	0. 54911
		θ_z/rad	8. 6776	8. 7093	8. 8561	8. 9083
$M_z=100$N · m	IGA	u_x/mm	4. 1213	4. 0384	4. 0330	4. 0346
		u_y/mm	9. 3192	9. 1780	9. 1644	9. 1714
		θ_z/rad	164. 8530	161. 5360	161. 3189	161. 3822
	ANSYS	u_x/mm	3. 9317	3. 3478	3. 6520	3. 7627
		u_y/mm	8. 6776	6. 0476	6. 9654	7. 4495
		θ_z/rad	157. 27	139. 11	146. 10	149. 56

表 3-7 两段圆弧组合曲梁 IGA 与 ANSYS 求解的模态结果对比 (Hz)

	1 个单元	2 个单元	3 个单元	4 个单元
IGA	97	100	97.6	97.3
	279	462	254.6	246.0
	1565	1537	1061.8	965.3
ANSYS	102	100	100.13	100.01
	265	256	254.87	254.28
	1021	1001	996.52	994.61

3.7 平面曲梁柔顺机构的构型设计与分析

图 3-13 给出了曲梁柔顺机构的设计过程，现应用该构型方法设计具有平面 x-y-θ_z 3 个自由度的柔顺机构。根据 FACT 的设计过程，首先给出如图 3-14a 所示的工作台和图 3-14b 所示的期望自由度，分别为沿 x 轴和 y 轴的平动自由度以及绕 z 轴的转动自由度，然后根据期望自由度查找相应的自由度空间和约束空间，如图 3-14c 所示。从约束空间中选择 3 条约束线，为了改善结构的对称性，增加了一条冗余约束，选择如图 3-14d 中所示的 4 条约束线，获得的柔顺机构具有要求的自由度。而该直梁柔顺机构无法实现大变形，将图 3-14d 中的 4 条柔性杆替换成图 3-9 的柔顺曲梁单元，替换结果如图 3-14e 所示，替换以后系统的自由度特性保持不变，但整体结构的静力学和动力学特性会更好，同时很好的消除了曲梁受力时产生的寄生运动影响。

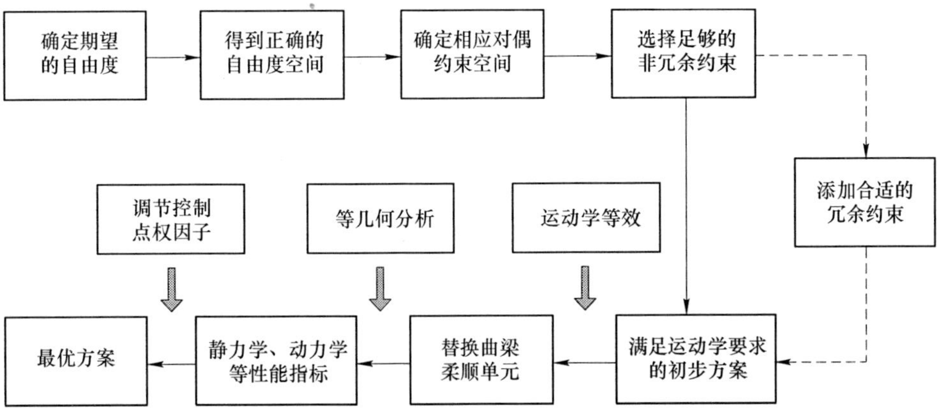

图 3-13 曲梁柔顺机构的设计过程

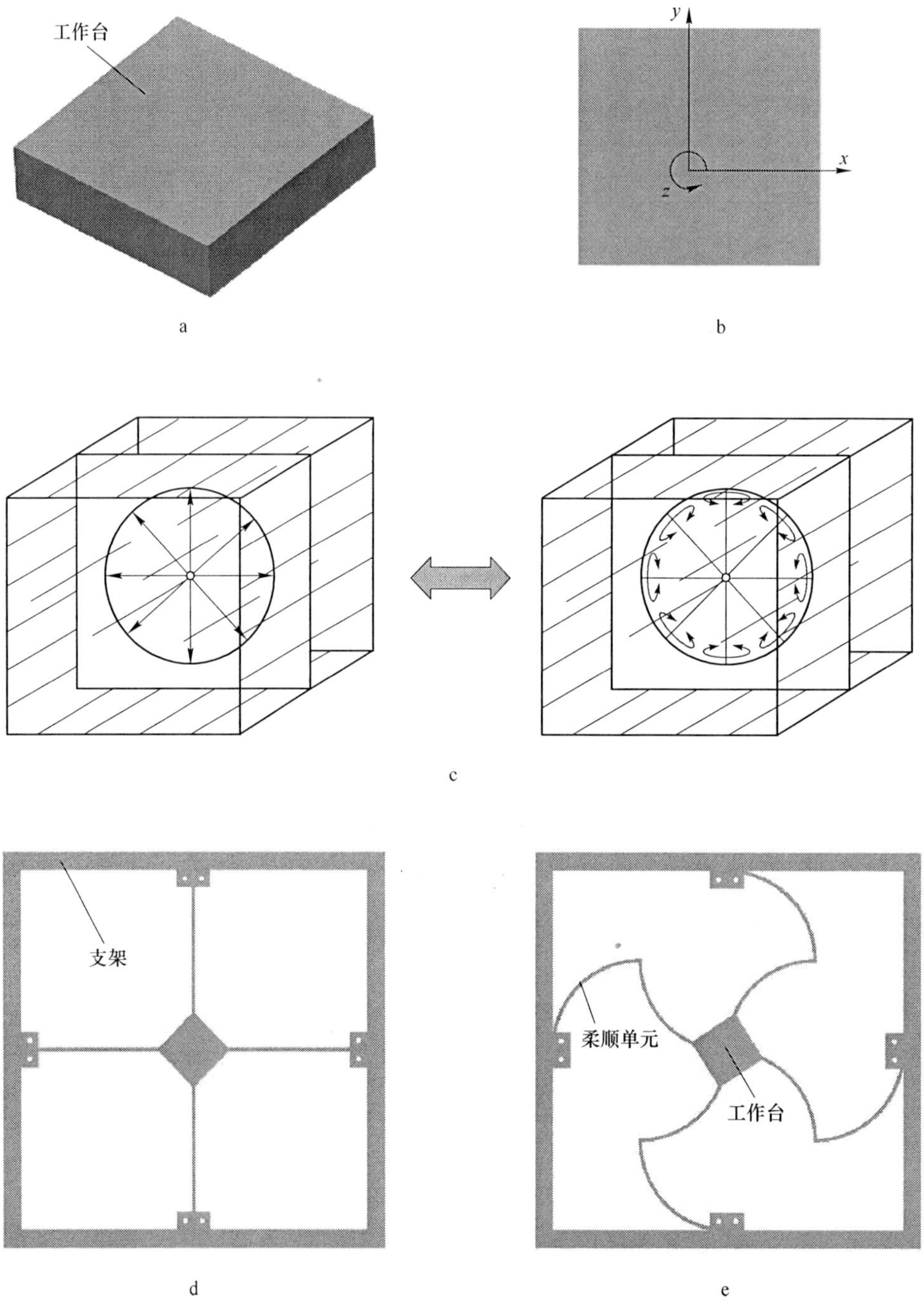

图 3-14　平面柔顺机构的设计过程

a—工作台；b—坐标系；c—自由度-约束空间[71]；d—预设梁位置；e—布置曲梁

3.7.1 平面曲梁柔顺机构静力学等几何分析

利用 NURBS 样条基函数和控制点进行精准建模，对于图 3-14 所设计的柔顺机构可以采用 8 段 2 次 NURBS 样条进行描述，设每段 NURBS 样条的节点矢量为 $\boldsymbol{U}=[0,0,0,1,1,1]$，权因子 $\boldsymbol{\omega}$ 为 $[1\quad \sqrt{2}/2\quad 1]$，在 MATLAB 中绘制其模型如图 3-15 所示。分别求得各单元刚度矩阵以后，根据控制点顺序依次组装得到整体结构刚度矩阵 $\boldsymbol{K}_{51\times 51}$。

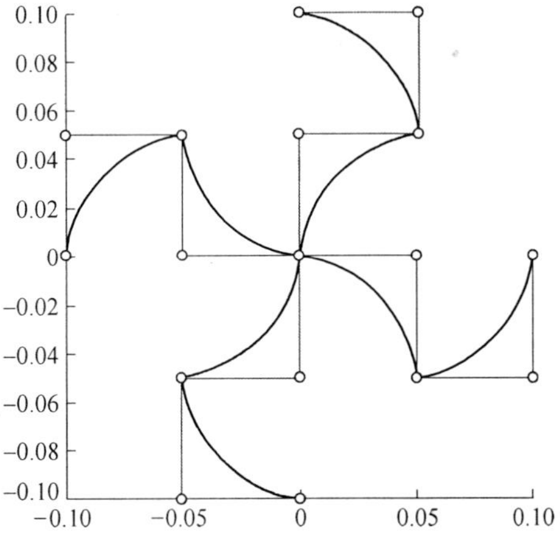

图 3-15 柔顺机构等几何模型

3.7.2 平面曲梁柔顺机构静力学有限元分析

利用 ANSYS 有限元软件对柔顺机构的受力变形进行仿真分析，得到如图 3-16 所示的位移变形云图。单元类型选用 beam3 梁单元，每段圆弧曲梁划分 6 段直梁单元进行模拟分析，将机构的四个端点固定，中心点分别施加力 $\boldsymbol{F}_x=\boldsymbol{F}_y=100\text{N}$、力矩 $\boldsymbol{M}_z=100\text{N}\cdot\text{m}$ 的载荷，因结构为中心对称结构，y 轴受力图与 x 轴受力时变形效果相同，因此图中只给出了沿 x 轴和 z 轴施加载荷时的仿真图。

将两种数值方法求解得到的数值解进行对比，结果如表 3-8 所示。由表中数据对比可知，利用等几何方法所求的数值解与 ANSYS 仿真解十分接近。同时，当沿 x 轴方向对工作台施力时，除 x 轴以外，其他两个自由度位移均接近零，另外两个自由度受力时，结果也是如此。因此，采用此设计方案，在工作台受力发生位移时，可以最大限度地避免寄生运动的影响。

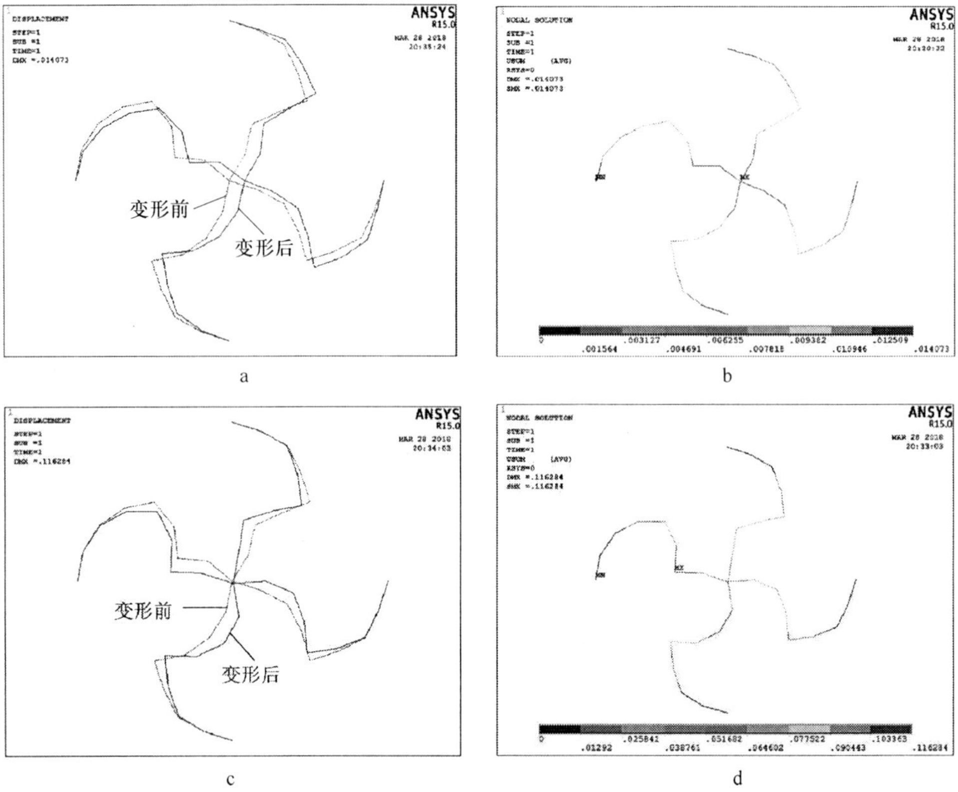

图 3-16　平面曲梁柔顺机构位移云图

a—$F_x=100\text{N}$ 变形图；b—$F_x=100\text{N}$ 位移云图；c—$M_z=100\text{N}\cdot\text{m}$ 变形图；d—$M_z=100\text{N}\cdot\text{m}$ 位移云图

表 3-8　整体机构的静力学结果对比

载　荷	位　移	IGA 解	ANSYS 解
	$\boldsymbol{u}_x$/mm	0.0114	0.013677
$\boldsymbol{F}_x=100\text{N}$	$\boldsymbol{u}_y$/mm	0	0.33567×10^{-15}
	$\boldsymbol{\theta}_z$/rad	0	0.18092×10^{-13}
	$\boldsymbol{u}_x$/mm	0	0.33567×10^{-15}
$\boldsymbol{F}_y=100\text{N}$	$\boldsymbol{u}_y$/mm	0.0114	0.013677
	$\boldsymbol{\theta}_z$/rad	0	-0.13931×10^{-13}
	$\boldsymbol{u}_x$/mm	0	0.18092×10^{-13}
$\boldsymbol{M}_z=100\text{N}\cdot\text{m}$	$\boldsymbol{u}_y$/mm	0	-0.13931×10^{-13}
	$\boldsymbol{\theta}_z$/rad	6.8085	6.7431

3.7.3 平面曲梁柔顺机构的动力学分析

在前面章节中，已经基于等几何方法对曲梁柔顺单元进行了模态方面的动力学仿真，现利用有限元方法对平面曲梁柔顺机构进行模态分析，单元材料参数保持不变，两种分析方法的求解结果如表 3-9 所示，整体机构的振型仿真如图 3-17 所示。

表 3-9 等几何与 ANSYS 求解的模态结果对比 (Hz)

	1	2	3	4	5	6
IGA	270.52	345.65	345.65	725.83	725.83	830.45
ANSYS	278.91	338.47	338.54	719.94	720.18	822.57

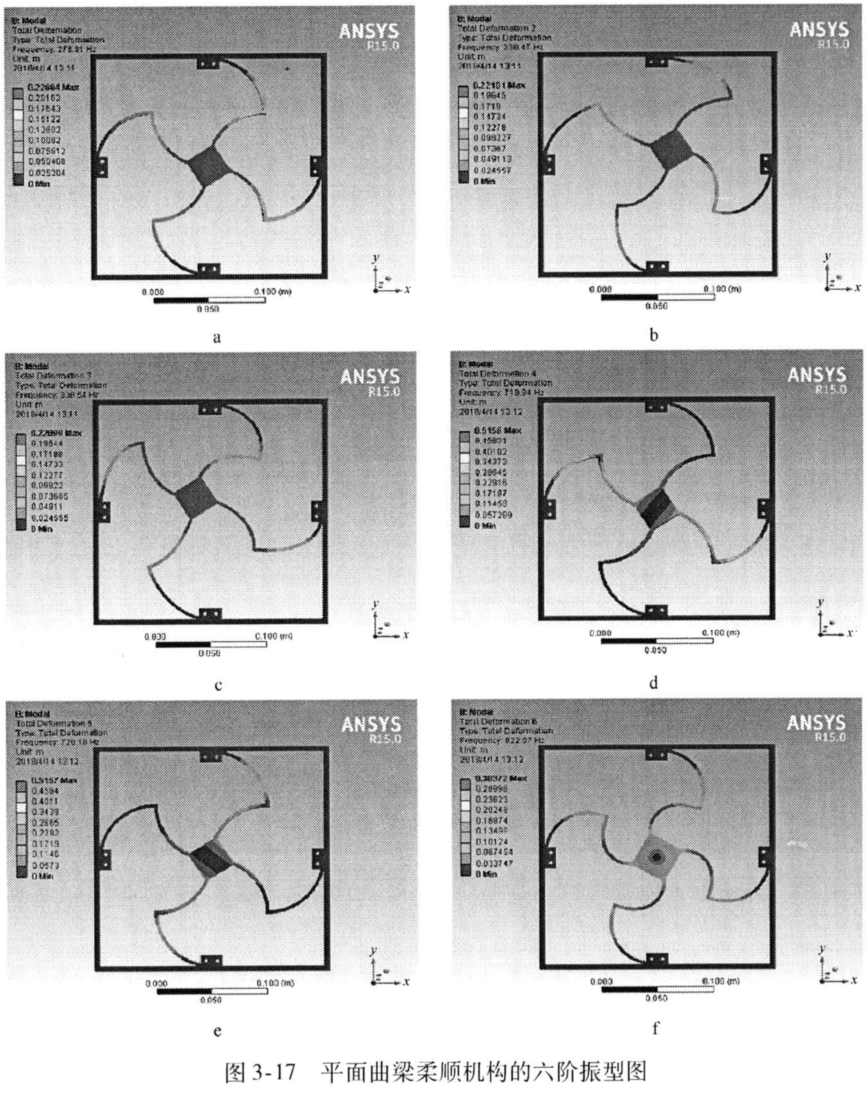

图 3-17 平面曲梁柔顺机构的六阶振型图

3.8　基于等几何分析的平面曲梁柔顺机构的参数优化

对于图 3-14e 所示的平面曲梁柔顺机构，在保证柔顺单元样条曲线的控制点不变的情况下，修改权因子，可以获得不同形状的目标曲梁，进而获得不同性能指标的柔顺机构。图 3-18 给出了两种不同的修改方案，其中图 3-18a 为权因子 $\boldsymbol{\omega}=[1\quad 0.5\quad 1]$时的曲梁柔顺机构，图 3-18b 为 $\boldsymbol{\omega}=[1\quad 1.5\quad 1]$ 时的曲梁柔顺机构。采用等几何方法对结构进行分析，对两种不同权因子控制下的曲梁柔顺机构分别求解，得到其位移和固有频率如表 3-10 和表 3-11 所示。

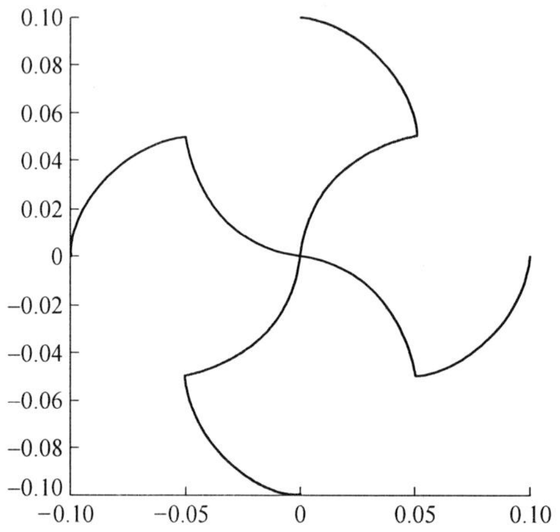

a

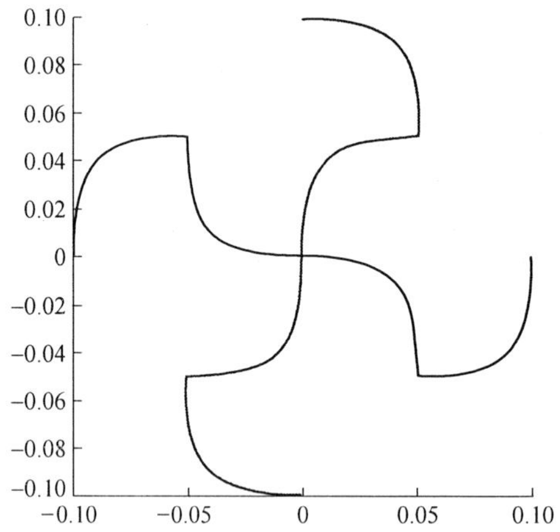

b

图 3-18　不同权因子对应的不同参数化模型

a—权因子 $\boldsymbol{\omega}=[1\quad 0.5\quad 1]$ 的机构；

b—权因子 $\boldsymbol{\omega}=[1\quad 1.5\quad 1]$ 的机构

表 3-10 两种柔顺机构输出位移对比

载 荷	位 移	$\boldsymbol{\omega}=[1\quad 0.5\quad 1]$	$\boldsymbol{\omega}=[1\quad 1.5\quad 1]$
$F_x=100\text{N}$	u_x/mm	0.008714	0.0221
	u_y/mm	0	0
	θ_z/rad	0	0
$F_y=100\text{N}$	u_x/mm	0	0
	u_y/mm	0.008714	0.0221
	θ_z/rad	0	0
$M_z=100\text{N}\cdot\text{m}$	u_x/mm	0	0
	u_y/mm	0	0
	θ_z/rad	6.4795	8.2272

表 3-11 两种柔顺机构固有频率对比

	$\boldsymbol{\omega}=[1\quad 0.5\quad 1]$	$\boldsymbol{\omega}=[1\quad 1.5\quad 1]$
固有频率/Hz	298.3	191.4
	428.1	278.3
	801.4	645.1

通过比较两种柔顺机构静力学和动力学指标可以看出，随着柔顺单元权因子的不断增大，伴随着机构整体形状改变的同时，其刚度值和固有频率也在逐渐的减小。

当结构的权因子不变时，修改其控制点坐标便可以得到另外的不同柔顺机构方案。图 3-19 给出了在权因子均为 $\boldsymbol{\omega}=[1\quad 0.5\quad 1]$ 的情况下，修改控制点所得到的两种不同的曲梁柔顺机构。

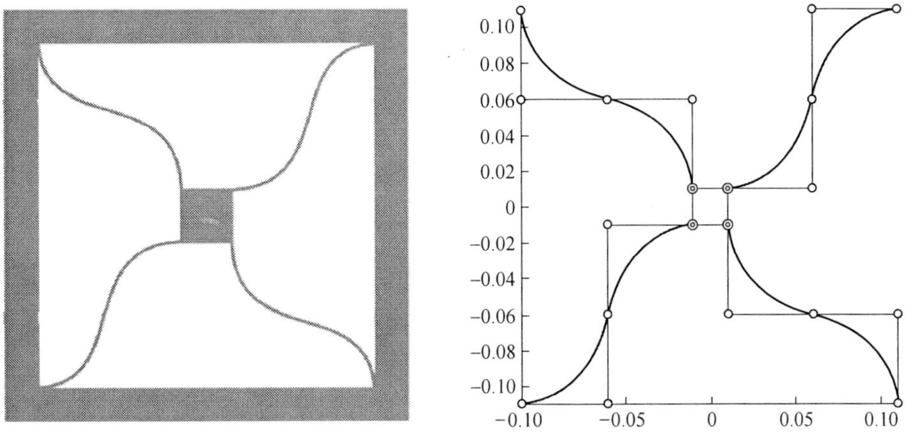

a

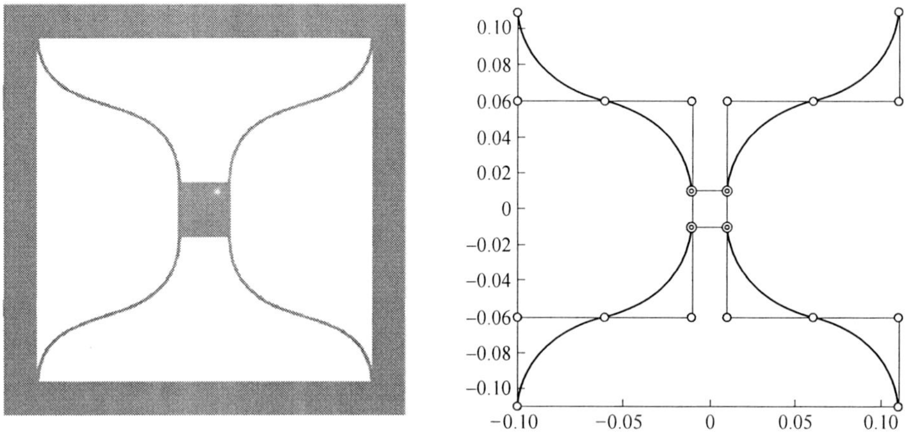

b

图 3-19　不同控制点对应的不同柔顺机构模型

a—柔顺机构模型一；b—柔顺机构模型二

对于如图 3-19 所示的两种方案，分别对模型进行求解，得到两组位移和固有频率，如表 3-12 和表 3-13 所示。

表 3-12　两种机构的静力学分析对比

载　荷	位　移	a　组	b　组
$F_x = 100\mathrm{N}$	u_x/mm	0.001124	0.001124
	u_y/mm	0	0
	θ_z/rad	0	0
$F_y = 100\mathrm{N}$	u_x/mm	0	0
	u_y/mm	0.001124	0.001124
	θ_z/rad	0	0
$M_z = 100\mathrm{N \cdot m}$	u_x/mm	0	0
	u_y/mm	0	0
	θ_z/rad	2.1379	2.1379

表 3-13　两种机构的固有频率对比

	a　组	b　组
固有频率/Hz	545.2	545.2
	594.1	594.1
	634.8	634.8

通过表3-12和表3-13可知，两种方案虽然形状有所不同，但其输出位移和固有频率均相同。因此，在进行柔顺机构的设计时，根据不同的工作空间和应用环境，可以通过修改权因子或控制点的坐标完成柔顺机构的优化，使柔顺机构最终符合应用环境要求。

3.9 直梁与曲梁混合单元柔顺机构的设计与分析

曲梁柔顺机构和直梁柔顺机构都有各自的优点，为实现更多的期望性能，可以将曲梁和直梁结合起来设计柔顺机构，扩展柔顺机构的应用范围，图3-20即为曲梁和直梁混联的柔顺机构。对柔顺机构进行分析时，柔顺单元的几何参数与前文相同，直梁柔顺单元和曲梁柔顺单元统一采用等几何方法进行建模，依次组装得到整体刚度矩阵 $\boldsymbol{K}_{165\times165}$。代入边界条件，分别得到结构中心六边形工作台的位移和固有频率，如表3-14和表3-15所示。

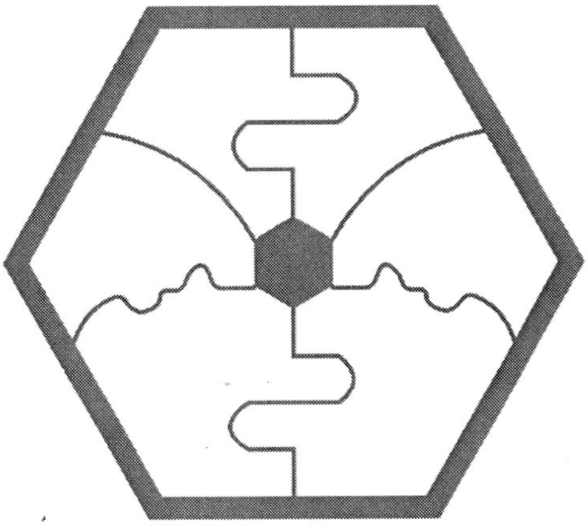

图3-20 直梁和曲梁混合柔顺机构

表3-14 柔顺机构的静力学分析

位　移	$F_x=100\text{N}$	$F_y=100\text{N}$	$M_z=100\text{N}\cdot\text{m}$
u_x/mm	58.153	-0.6548	6.0026
u_y/mm	-0.6548	81.735	0.06759
θ_z/rad	6.0026	-0.06759	14.328

表3-15 柔顺机构固有频率

	1	2	3	4	5	6
固有频率/Hz	133.80	155.70	172.75	214.92	274.92	291.70

针对不同工况和需求，通过对直梁和曲梁采用的合理组合，可综合出更多种类型的柔顺机构，为柔顺机构的应用带来了更多的灵活性。

3.10　本章小结

本章详细介绍了圆弧曲梁柔顺单元的刚度矩阵解析解，并利用等几何方法对曲梁柔顺单元进行静力学和动力学分析，给出了平面任意曲梁模型的力学方程，将其与 NURBS 基函数进行结合，得到以 NURBS 基函数为形函数，控制点和权因子为变量的平面任意曲梁等几何模型。将等几何分析结果与 ANSYS 仿真结果进行了对比，验证了等几何分析所推导的曲梁刚度矩阵和质量矩阵的正确性和高效性。设计了曲梁平面柔顺机构和曲梁-直梁结合的平面柔顺机构，结合等几何分析方法对机构进行了分析，为后续任意曲梁柔顺机构的设计、分析与优化提供了思路。

4 基于直梁柔顺机构的三维椭圆振动车削装置

柔顺机构广泛应用于精密制造、仿生机械、生物医疗和航空航天等科技前沿领域，三维椭圆振动切削装置就是柔顺机构应用于精密制造的典型案例。本章应用第二章所介绍的理论，设计出一种三维椭圆振动切削装置，并通过实验验证了装置的有效性，为空间柔顺机构综合方法应用于三维椭圆振动切削装置的设计提供了实验依据。

4.1 新型三维椭圆振动切削装置的工作台设计

为设计三维椭圆振动切削装置，先设计装置中用于实现三维椭圆轨迹的柔顺机构。该柔顺机构应具有绕 x 轴旋转、绕 y 轴旋转和沿 z 轴移动 3 个自由度，其相应的自由度和约束空间，如图 4-1 所示。

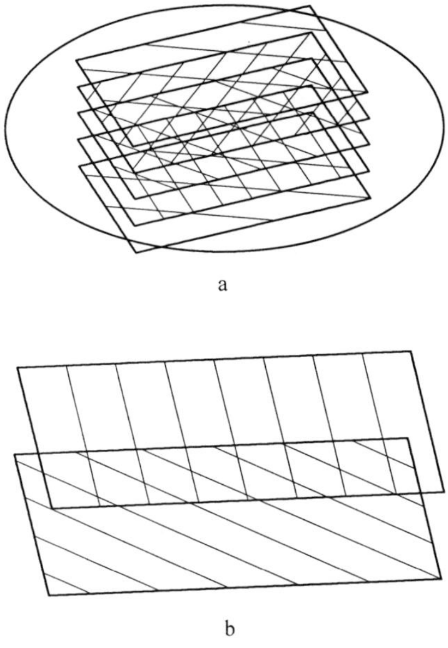

图 4-1　自由度空间和约束空间

a—自由度空间；b—约束空间

首先从图 4-1b 的约束空间中选择非冗余约束，先在同一平面内选择两个平行约束，再在另一平面内选择第三个约束，且第三个约束与两个平行约束的位置为交叉关系，如图 4-2 所示。

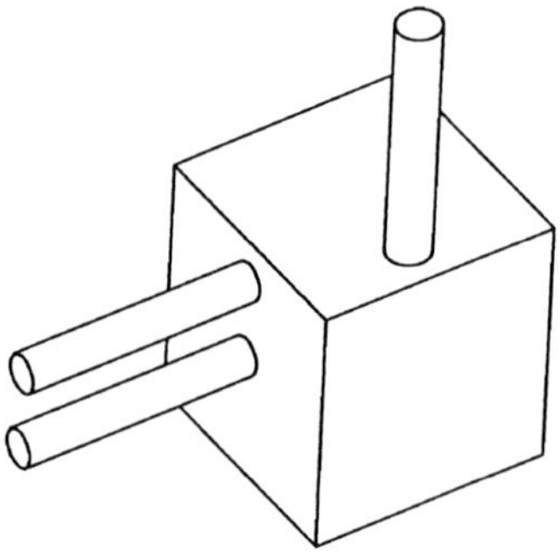

图 4-2　柔顺单元的布局

4.2　柔顺机构的三维模型

为保证机构的可靠性和稳定性，将图 4-2 所示的柔顺机构再增加两个冗余约束，具体结构如图 4-3 所示。中间工作台由 5 个柔顺单元连接至固定的基座，柔顺单元 2 和 5 在同一直线上，柔顺单元 3 和 4 在同一直线上，两直线相互平行且位于同一平面，柔顺单元 1 平行于柔顺单元 2、3、4、5 所在的面，并且垂直于所有其他柔顺单元。

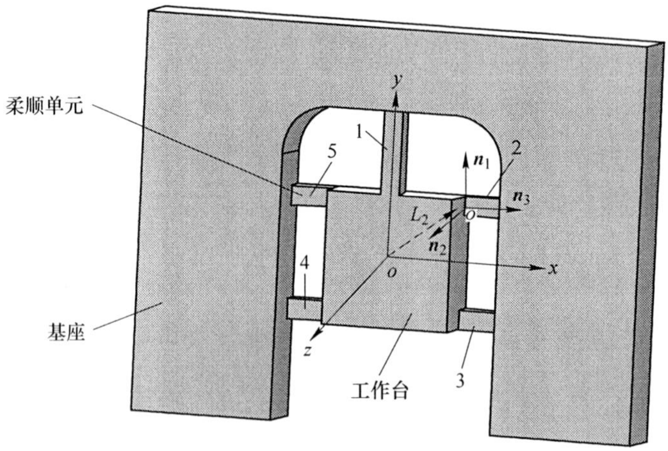

图 4-3　三自由度柔顺机构的模型

为便于分析，在工作台中心建立坐标原点，与柔顺单元2、5平行的方向设为 x 轴方向，沿着柔顺单元1的方向设为 y 轴，根据右手螺旋定则确定 z 轴。

4.3 柔顺机构的刚度矩阵

将中间工作台受到的空间任意力用力螺 $\boldsymbol{W}$ 表示，工作台的位姿用运动螺旋 $\boldsymbol{T}$ 表示，为推导输入与输出之间的关系，在5个柔顺单元上分别建立局部坐标系，从全局坐标系原点 o 指向各局部坐标系原点的向量记为 $L_i(i=1,2,\cdots,5)$。局部坐标系各坐标轴由单位矢量 $\boldsymbol{n}_1$、$\boldsymbol{n}_2$ 和 $\boldsymbol{n}_3$ 决定。$\boldsymbol{n}_3$ 为柔顺单元长度方向，$\boldsymbol{n}_2$ 为垂直于柔顺单元一个侧面的单位矢量，$\boldsymbol{n}_1=\boldsymbol{n}_2\times\boldsymbol{n}_3$，每个柔顺单元与基座相连的一端所有自由度全部约束。选择柔顺单元截面为矩形，设其矩形截面的长和宽分别为 a 和 b，单元长度为 L，不同柔顺单元的几何参数设置如表4-1所示。

表4-1 铰链尺寸参数

柔 顺 单 元	a/mm	b/mm	L/mm
2、3、4、5	6	6	15
1	6	6	25

对于柔顺单元1，位置向量为 $\boldsymbol{L}=[0,0.02,-0.003]$，局部坐标系坐标轴对应的单位向量为 $\boldsymbol{n}_2=[0,0,1]$，$\boldsymbol{n}_3=[0,1,0]$；对于柔顺单元2，位置向量为 $\boldsymbol{L}=[0.02,0.017,-0.015]$，坐标轴单位向量为 $\boldsymbol{n}_2=[0,0,1]$，$\boldsymbol{n}_3=[1,0,0]$；对于柔顺单元3，位置向量为 $\boldsymbol{L}=[0.02,-0.017,-0.015]$，坐标轴单位向量为 $\boldsymbol{n}_2=[0,0,1]$，$\boldsymbol{n}_3=[1,0,0]$；对于柔顺单元4，$\boldsymbol{L}=[-0.02,-0.017,-0.015]$，$\boldsymbol{n}_2=[0,0,1]$，$\boldsymbol{n}_3=[-1,0,0]$；对于柔顺单元5，$\boldsymbol{L}=[-0.02,0.017,-0.015]$，$\boldsymbol{n}_2=[0,0,1]$，$\boldsymbol{n}_3=[-1,0,0]$。正方形柔顺单元的边长为0.006m，柔顺单元1的长度为0.025m，柔顺单元2,3,4,5的长度为0.015m。中心工作台的宽度为0.04m，厚度为0.018m。将以上参数代入图2-4所示的软件，获得的刚度矩阵为

$$
\boldsymbol{K}_{TW6\times6}=\begin{bmatrix}
0 & -1.05\times10^{7} & -1.97\times10^{5} & 7.07\times10^{8} & 0 & 0\\
2.0\times10^{6} & 0 & 0 & 0 & 2.17\times10^{8} & 0\\
1.97\times10^{5} & 0 & 0 & 0 & 0 & 1.18\times10^{8}\\
6.69\times10^{4} & 0 & 0 & 0 & 2.0\times10^{6} & 1.97\times10^{5}\\
0 & 2.45\times10^{5} & 590.35 & -1.05\times10^{7} & 0 & 0\\
0 & 590.35 & 2.97\times10^{5} & -1.97\times10^{5} & 0 & 0
\end{bmatrix}
\tag{4-1}
$$

得到三自由度并联柔顺机构的力灵敏度为 2.02588×10^{-8}；力矩灵敏度为 1.454×10^{-4}。力矩灵敏度远大于力灵敏度，机构对于力矩变化的响应更明显。

4.3.1　柔顺机构的模态分析

柔顺机构可视为多自由度系统，因其工作台、柔顺单元和基座是一个整体，不存在相对运动产生的摩擦力，因此系统阻尼可忽略不计，则在激励力的作用下，结构振动方程式可表示为：

$$\boldsymbol{M}\ddot{\boldsymbol{\delta}}+\boldsymbol{K}\boldsymbol{\delta}=\boldsymbol{F} \tag{4-2}$$

式中，$\boldsymbol{M}$ 为系统的质量矩阵；$\boldsymbol{K}$ 为系统的刚度矩阵；$\boldsymbol{F}$ 为外部激励力矩阵；$\boldsymbol{\delta}$、$\ddot{\boldsymbol{\delta}}$ 分别为节点位移和加速度矩阵。

外部激励力为 0 时，无阻尼自由振动方程式表示为：

$$\boldsymbol{M}\ddot{\boldsymbol{\delta}}+\boldsymbol{K}\boldsymbol{\delta}=0 \tag{4-3}$$

由于弹性结构的振动总能够分解为一系列简谐振动的叠加，为了求解出结构的固有频率以及振型，考虑以下简谐振动的解：

$$\boldsymbol{\delta}=\boldsymbol{q}e^{j\omega t} \tag{4-4}$$

式中，$\boldsymbol{q}$ 为节点位移的振幅矩阵；ω 为固有频率；t 为时间。

将式（4-4）对时间 t 求二阶导数得：

$$\ddot{\boldsymbol{\delta}}=(j\omega)^2\boldsymbol{q}e^{j\omega t}=-\omega^2\boldsymbol{q}e^{j\omega t} \tag{4-5}$$

把式（4-4）和式（4-5）代入式（4-3）得：

$$(\boldsymbol{K}-\omega^2\boldsymbol{M})\cdot\boldsymbol{q}=0 \tag{4-6}$$

由于 $\boldsymbol{q}$ 是非零向量，矩阵（$\boldsymbol{K}-\omega^2\boldsymbol{M}$）的行列式等于零，齐次方程（4-6）有非零解，即

$$|\boldsymbol{K}-\omega^2\boldsymbol{M}|=0 \tag{4-7}$$

当 $\boldsymbol{M}$ 和 $\boldsymbol{K}$ 为对称正定矩阵时，可求得 N 个特征值 $\omega_r^2(r=1,2,\cdots,N)$，$\omega_r$ 为系统的固有频率，将每个特征值代入式（4-6）求出特征向量 $\boldsymbol{\phi}_r$ 即为对应固有频率的振型。

应用有限元软件对三自由度柔顺机构进行模态分析，设置单元类型为 solid45，采用铝合金材料，其材料属性为：密度 2700kg/m^3，弹性模量 73GPa，泊松比 0.3。分析得出了机构的前六阶模态，振动频率如表 4-2 所示，振型如图 4-4 所示。

表 4-2　模型的前六阶振动频率　(Hz)

一阶频率	二阶频率	三阶频率	四阶频率	五阶频率	六阶频率
3532.7	5814.6	6089.3	6584.9	11608	12178

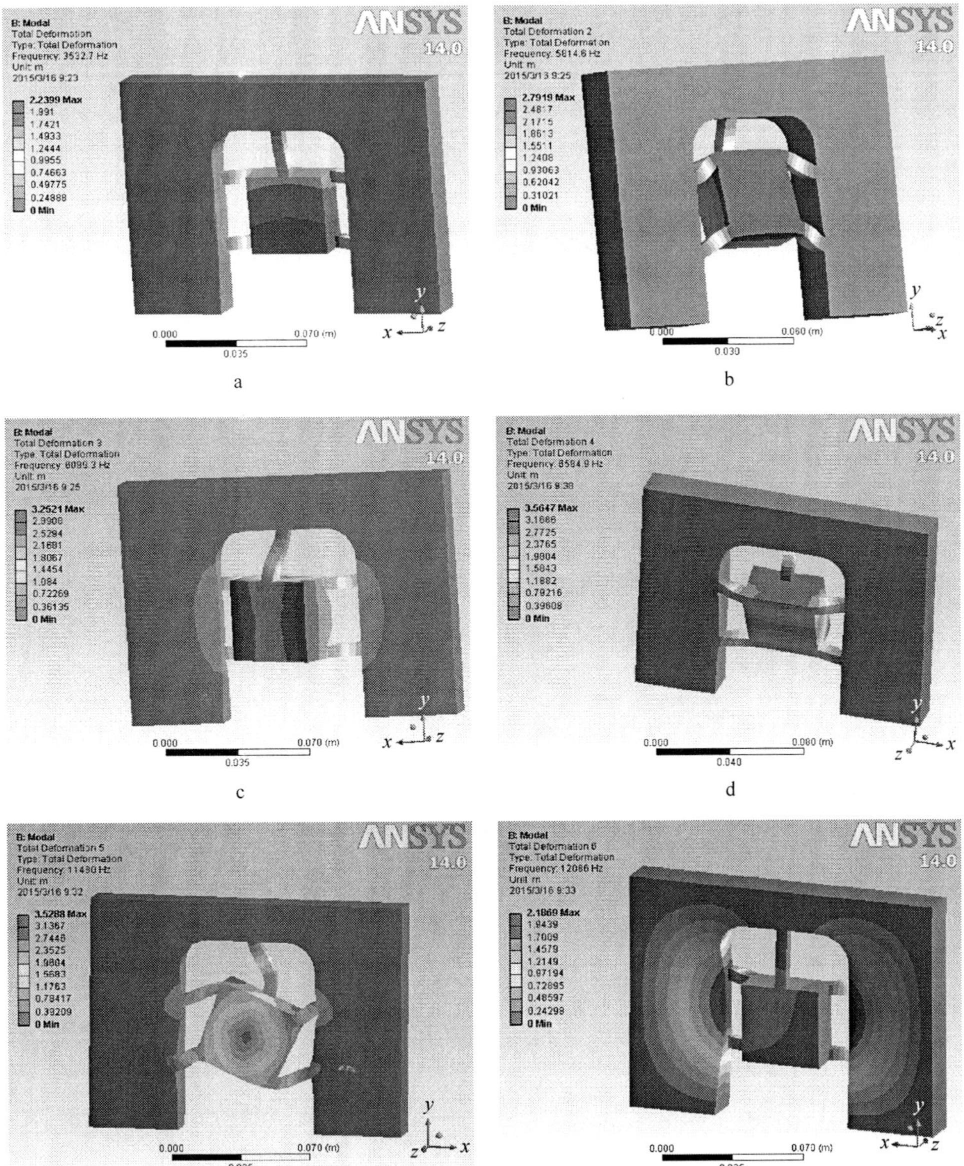

图 4-4　柔顺机构的前六阶振型

a～f 依次为一到六阶振型

柔顺机构的一阶振型为沿 z 轴移动，二阶振型为绕 y 轴旋转，三阶振型为绕 x 轴旋转，机构的前三阶模态的振型与自由度方向相同。

4.3.2　柔顺机构的空间椭圆输出轨迹分析

对工作台中心点施加 z 轴动态力和绕 x 轴 y 轴的动态力矩，3 个自由度方向上的动态驱动信号为[64]：

$$\begin{cases} F_z(t) = V_z \sin(2\pi f t + \alpha) \\ T_x(t) = V_x \sin(2\pi f t + \beta) \\ T_y(t) = V_y \sin(2\pi f t + \gamma) \end{cases} \tag{4-8}$$

式中，V_z、V_x、V_y 分别为驱动信号 $F_z(t)$、$T_x(t)$、$T_y(t)$ 的振幅；α、β、γ 为驱动信号的初相位；f 为驱动信号的频率；t 为时间。

则工作台上中心点在以上驱动力的作用下产生的位移为：

$$\begin{cases} x(t) = A_x \sin(2\pi f t + \varphi_x) \\ y(t) = A_y \sin(2\pi f t + \varphi_y) \\ z(t) = A_z \sin(2\pi f t + \varphi_z) \end{cases} \tag{4-9}$$

式中，A_x、A_y、A_z 为中心点的响应振幅；φ_x、φ_y、φ_z 为位移的相位。

利用 ansys 软件对中间刚体在驱动信号下产生的位移响应进行仿真，取 $\alpha = 0$，$\beta = \frac{\pi}{4}$，$\gamma = \frac{\pi}{2}$，则在 x，y，z 轴上，点(0,0,0.02)处产生的位移随时间的变化曲线如图 4-5 所示。

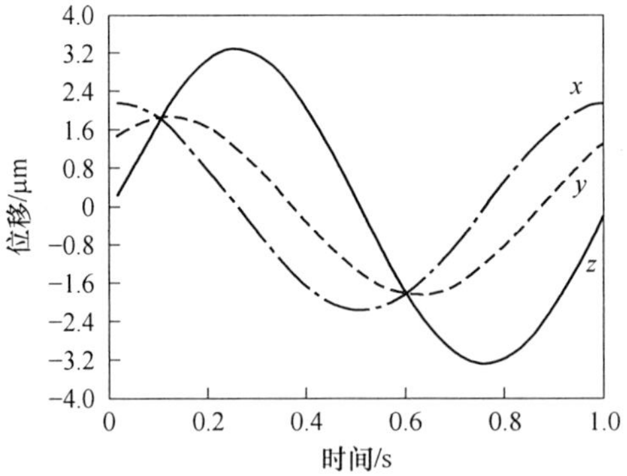

图 4-5　点（0，0，0.02）处的位移响应

由图 4-5 可知，当输入驱动力为三角函数时，输出响应也为三角函数。且当

输入驱动力和驱动扭矩达到最大时，工作台中心点处产生的位移响应也达到最大。调整信号的初相位满足如下关系：

$$\begin{cases} \varphi_y - \varphi_x = \dfrac{\pi}{4} \\ \varphi_z - \varphi_y = \dfrac{\pi}{4} \end{cases} \tag{4-10}$$

得到工作台中心点的期望位移为：

$$\begin{cases} v_x(t) = A_x \sin(2\pi ft + \varphi_x) \\ v_y(t) = A_y \sin\left(2\pi ft + \varphi_x + \dfrac{\pi}{4}\right) \\ v_z(t) = A_z \sin\left(2\pi ft + \varphi_x + \dfrac{\pi}{2}\right) \end{cases} \tag{4-11}$$

由此可知，工作台中心点的轨迹在 x-y 平面、y-z 平面、x-z 平面投影均为椭圆，取 $A_x = 20\mu m$、$A_y = 20\mu m$、$A_z = 20\mu m$、$\varphi_x = 0$、$\varphi_y = \dfrac{\pi}{4}$、$\varphi_z = \dfrac{\pi}{2}$，则输出轨迹在 3 个正交面上的投影如图 4-6 所示。

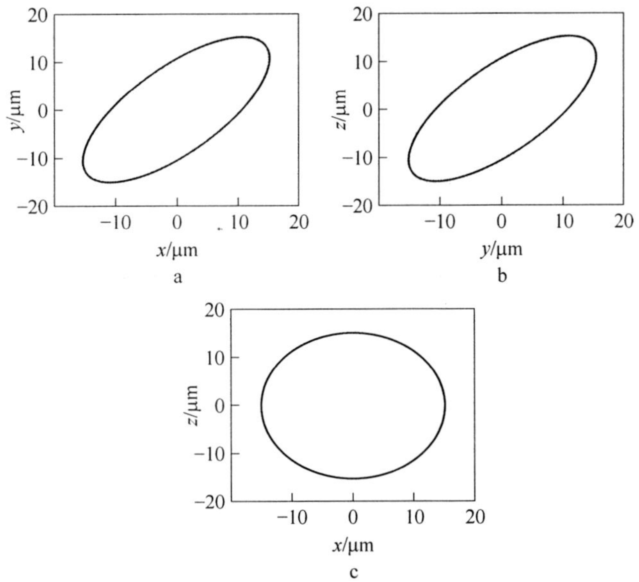

图 4-6 3 个正交面上的投影

a—x-y 平面投影；b—y-z 平面投影；c—x-z 平面投影

改变驱动信号的相位差，3 个椭圆也会随之发生改变。通过调整柔顺单元的参数可以调整柔顺机构整体刚度矩阵等重要性能指标，进而调整响应轨迹合成椭圆的长轴、短轴、倾斜角等参数。

4.3.3 新型 EVC 装置的工作台设计

新型 EVC 装置以所设计的并联三自由度柔顺机构作为执行机构，将车刀安装在柔顺机构中心工作台上，利用驱动元件驱动工作台带动刀杆在 3 个自由度方向振动，实现三维椭圆振动切削，如图 4-7a 所示。为使刀尖的运动轨迹能够形成椭圆，需要在工作台上施加随时间变化的载荷。当沿 z 轴的驱动力作用在工作台中心时，工作平台沿 z 方向平动，若驱动力的作用点沿 y 轴下移 Δy 时，则工作台除了受到 z 方向的力以外，还受到了绕 x 轴旋转的力矩 $T_x = F \cdot \Delta y$。同理，当驱动力的作用点沿 x 轴右移 Δx 时，工作台同时受到了绕 y 轴旋转的力矩 $T_y = F \cdot \Delta x$。因此，要让工作台在 3 个自由度方向均产生振动，仅需要 2 个驱动元件就可以实现。当使工作台产生绕 x 轴旋转和绕 y 轴旋转的驱动力大小一定时，驱动力作用点距离工作平台的距离越大，刀尖处的振幅越大，因此驱动力作用点应尽量靠近工作平台的边缘，如图 4-7b 所示，驱动力的作用点选择了图中 A、B 两点。

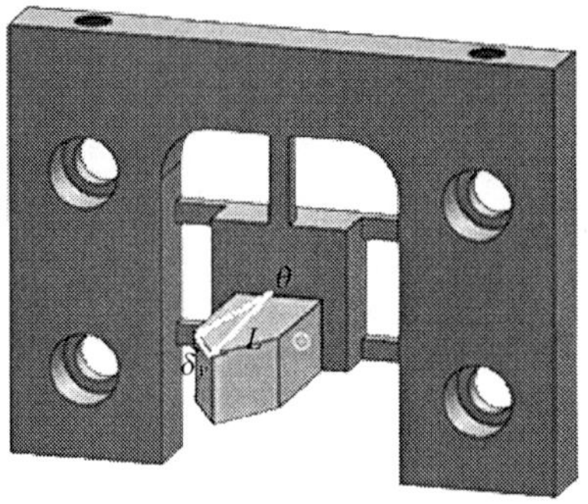

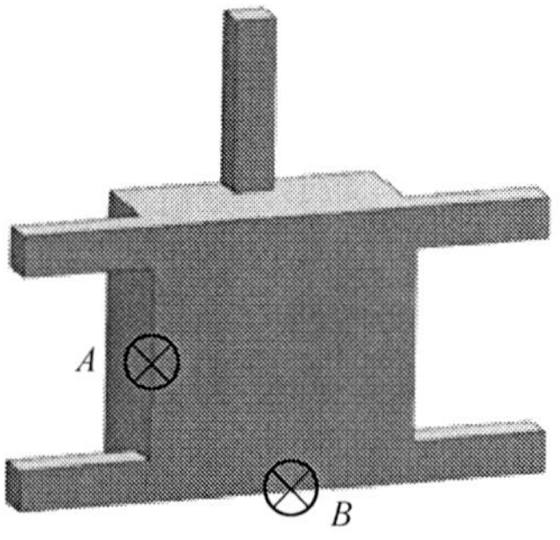

图 4-7 新型 EVC 装置的工作台与驱动力作用点

a—新型 EVC 装置的工作台；b—工作平台驱动力的作用点

柔顺机构的自由度分别为绕 x 轴旋转、绕 y 轴旋转和沿 z 轴移动，刀杆通过双头螺柱连接在工作台上，因此，刀杆的自由度也为绕 x 轴旋转、绕 y 轴旋转和沿 z 轴移动。当工作台产生微小的偏转角度 θ 时，刀尖处将产生的微小位移为：

$$\delta_{x(y)} = \theta \cdot L \tag{4-12}$$

式中，L 为刀杆的长度；θ 为工作台偏转角度。

刀具在车削工件时，切削力通过刀具作用在柔顺机构上，为保证机构能够安全操作，应对柔顺单元的强度进行校核。总切削力 $\boldsymbol{F}$ 分解为 3 个互相垂直的分力，分别用 F_c、F_p、F_f 表示，F_c 为总切削力 F 在主运动方向上的分力，作用于主运动方向，是校核主运动机构强度、计算刀杆和刀片强度、设计机床夹具和选择切削用量等的主要依据，也是消耗功率最多的切削力。背向力 F_p 为总切削力 $\boldsymbol{F}$ 在垂直于假定工作平面方向上的分力，虽然不消耗功率，但 F_p 作用在整个系统刚度最差的方向上，容易导致工件在水平面内发生形变，影响工件精度，并易引起机床振动，是校验机床刚度的必要依据。进给力 F_f 是总切削力 $\boldsymbol{F}$ 在刀具进给运动方向上的分力，车外圆时，F_f 是校验进给机构强度的主要依据。切削力的计算公式为[90]：

$$\begin{cases} F_c = C_{Fc} \cdot a_F^{x_{Fc}} \cdot f^{y_{Fc}} \cdot v_c^{n_{Fc}} \cdot K_{Fc} \\ F_p = C_{Fc} \cdot a_F^{x_{Fp}} \cdot f^{y_{Fp}} \cdot v_c^{n_{Fp}} \cdot K_{Fp} \\ F_f = C_{Ff} \cdot a_F^{x_{Ff}} \cdot f^{y_{Ff}} \cdot v_c^{n_{Ff}} \cdot K_{Ff} \end{cases} \tag{4-13}$$

当加工方式为外圆纵车，刀具材料选择高速钢，工具中的参数可查表 4-3。

表 4-3 切削力计算参数

	C_F	x_F	y_F	n_F
F_c	180	1	0.75	0
F_p	94	0.9	0.75	0
F_f	54	1.2	0.65	0

柔顺机构采用铝合金作为柔顺单元，选取安全系数为 1.5，则材料的许用应力为：

$$\sigma = \frac{\sigma_s}{1.5} = 160\text{MPa} \tag{4-14}$$

经过有限元分析，当 z 轴方向行程达到 48.2μm 时，材料内部应力达到 157.3MPa，接近材料的拉伸极限，如图 4-8 所示。因此，柔顺机构在 z 轴方向的输出不能超过 48.2μm，此时的 z 向载荷为 6500N，则背向力需满足 $F_p \leqslant 6500\text{N}$。取进给量 $f = 0.08\text{mm/r}$、切削速度 $v_c = 60\text{m/min}$，计算得到 $a_F^{x_{Fp}} \leqslant 0.043$，即在此 EVC 机构进行实际切削时，背吃刀量不能超过 0.43mm。

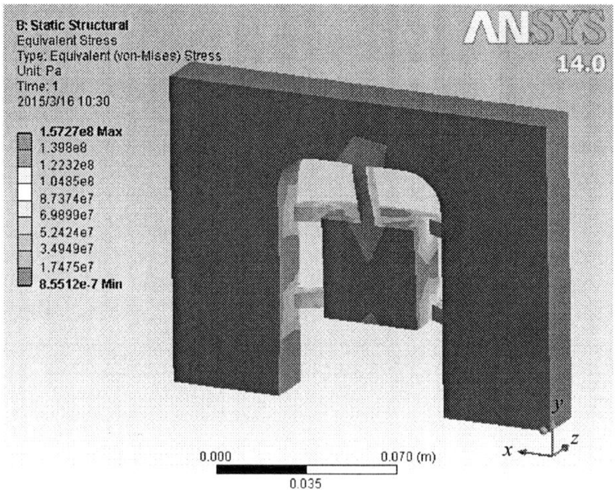

图 4-8　材料应力云图

4.3.4　新型 EVC 装置的刀位计算

工作台与刀杆的位置关系可简化为如图 4-9 所示，设工作台中心点为坐标轴原点 o，刀具的刀尖位于点 P，四个平行的柔顺单元方向为 x 轴方向，另一柔顺单元的方向为 y 轴方向，两个驱动器的驱动力作用点分别位于点 A 和点 C，点 A 与点 B 关于 y 轴对称，点 D 与点 C 关于 x 轴对称。驱动力为 0 时，柔顺单元的位置 A、B、C、D 为初始位置，受到驱动信号的作用时，柔顺单元产生 z 向位移、

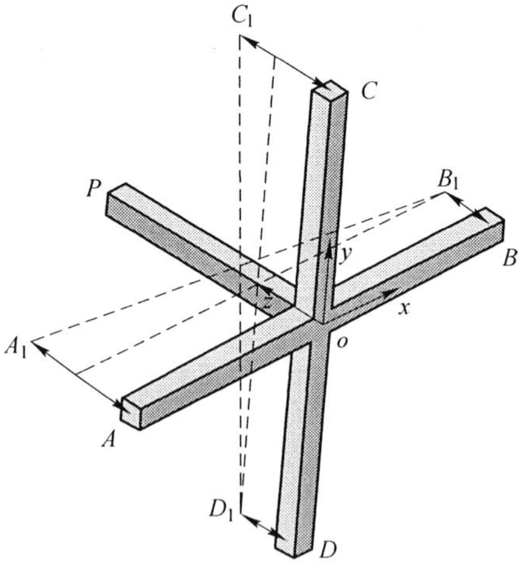

图 4-9　新型 EVC 装置的刀位

绕 x 轴的旋转和绕 y 轴的旋转，A、B、C、D 由原来的位置变为 A_1、B_1、C_1、D_1，A、B 两点产生的位移分别为 z_1、z_2，C、D 两点产生的位移分别为 z_3、z_4，由于驱动点更靠近 A、C 两点，因此两个驱动信号为：$z_1 > z_2$、$z_3 > z_4$。

刀尖 P 的初始位置坐标为(x,y,z)，则当 A、B、C、D 4 点到达 A_1、B_1、C_1、D_1 4 点时，点 P 的坐标(x',y',z')为：

$$\begin{cases} x' = l_{OP}\left(\dfrac{z_1 - z_2}{2l_{OA}}\right) \\ y' = l_{OP}\left(\dfrac{z_3 - z_4}{2l_{OC}}\right) \\ z' = \dfrac{z_1 + z_2 + z_3 + z_4}{4} + \sqrt{l_{OP}^2 - x - y} - l_{OP} \end{cases} \tag{4-15}$$

当驱动力作用点靠近工作台边缘时，z_2 和 z_4 趋近于 0，因此点(x',y',z')的坐标可近似表达为：

$$\begin{cases} x' = l_{OP}\left(\dfrac{z_1}{2l_{OA}}\right) \\ y' = l_{OP}\left(\dfrac{z_3}{2l_{OC}}\right) \\ z' = \dfrac{z_1 + z_3}{4} + \sqrt{l_{OP}^2 - x - y} - l_{OP} \end{cases} \tag{4-16}$$

式中，l_{OP}、l_{OA}、l_{OC}分别为原点 o 到 P、A、C 的距离。

由式（4-9）和式（4-16）可知，影响新型 EVC 结构的刀尖椭圆轨迹参数有：驱动信号的振幅 A_1、A_2，初相位 α、β，工作台中心点到驱动力作用点的距离 l_{OA}、l_{OC}，刀杆的长度 l_{OP}。为了研究各个因素对椭圆轨迹的影响，逐个选取其中一个影响因素作为变量，其余因素作为定量，参数取值如表 4-4 所示。

表 4-4 影响椭圆轨迹的参数取值表

	A_1/μm	A_2/μm	l_{OP}/mm	l_{OA}/mm	l_{OC}/mm	α/(°)	β/(°)
Ⅰ	10	10	60	20	20	0	0
Ⅱ	10	10	60	20	20	0	30
Ⅲ	15	15	60	20	20	0	45
Ⅳ	15	15	60	15	15	0	45

利用仿真软件对表4-4中4种情况进行仿真，得到如图4-10所示的空间椭圆轨迹图像以及对应3个平面的投影。

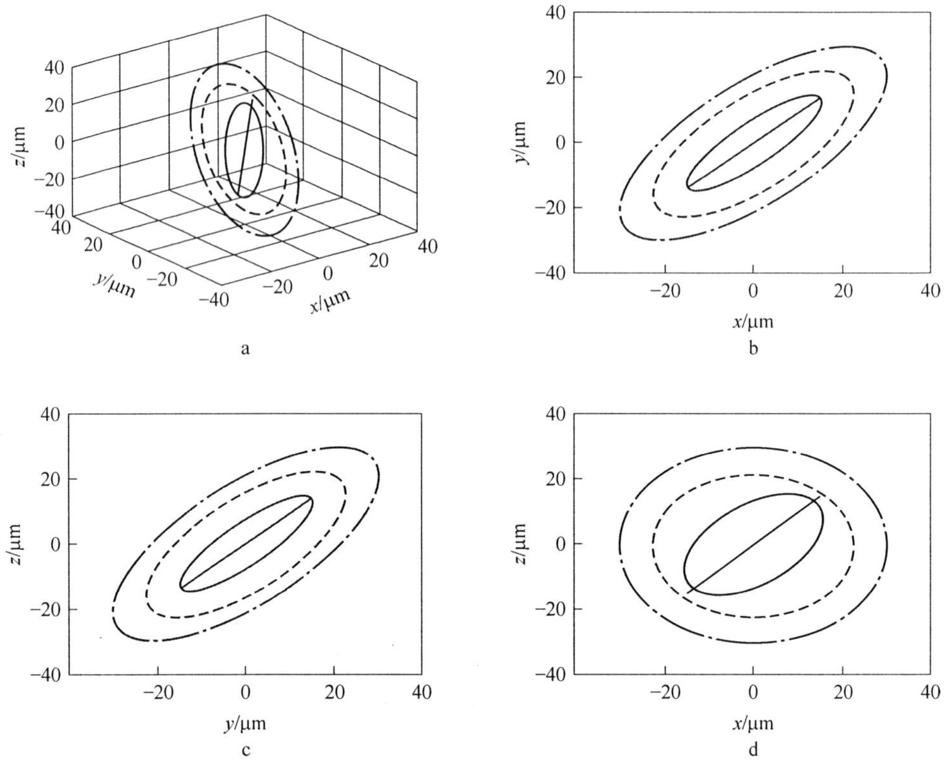

图4-10　椭圆轨迹仿真图像

a—空间椭圆轨迹；b—x-y平面投影；c—y-z平面投影；d—x-z平面投影

从图4-10可知，椭圆轨迹所在平面和 x-y 平面间的夹角与驱动信号的振幅 A_1、A_2 有关，驱动信号的相位差 $\alpha-\beta$ 影响椭圆轨迹的长短轴之比，l_{OA}、l_{OC}、l_{OP} 的大小与椭圆长轴和短轴的长度有关。

4.3.5　新型EVC装置的底座设计

新型EVC装置的底座主要用于安装柔顺机构和相应的驱动器，由于驱动力对底座产生反作用力，底座必须十分厚重，避免振动传回主轴，影响加工精度。根据驱动力作用点的位置分布及刚度要求，底座设计成图4-11a的结构，其中1、2为驱动器。将柔顺机构安装在底座上，得到新型EVC装置的整体模型如图4-11b所示。

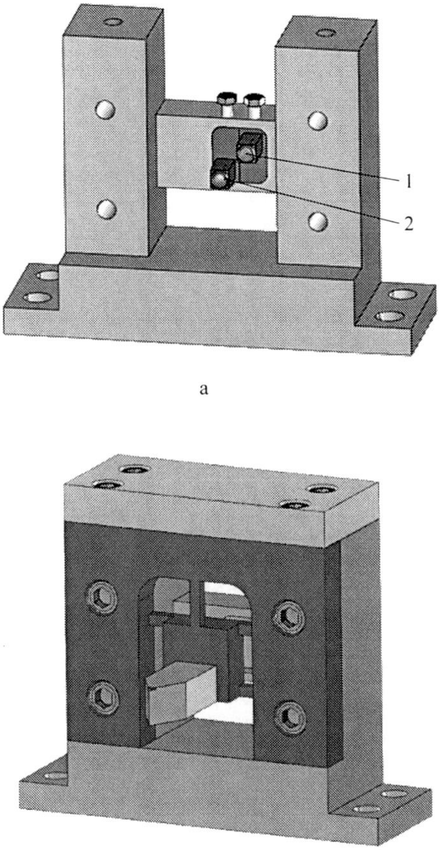

a

b

图 4-11 装置的整体结构

a—新型 EVC 装置的底座；b—新型 EVC 装置的整体结构

4.3.6 新型 EVC 装置的转塔设计

为了适应各种工件表面的加工要求，刀杆与工件之间要保持相应的角度，因此装置的转角必须可调。为了提高新型 EVC 装置的通用性，设计了适用于数控车床的转塔机构，如图 4-12 所示。

转塔机构由电控刀台和转帽组成，其内部结构如图 4-13 所示。其工作原理为：齿轮轴 1 沿其轴线旋转，带动端面凸轮 3 转动，从而带动套筒 4 进行转动，端面凸轮保证了齿轮轴只能向一个方向转动，不能反转。套筒 3 与转帽 4 相连，则转帽 4 带动连接板 6 与转架 7 形成相对转动，为了减小连接板与转架之间的摩擦，二者之间放置了钢珠 5。

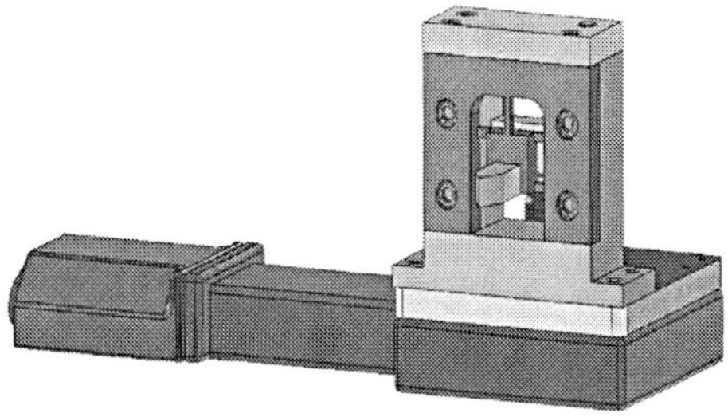

a

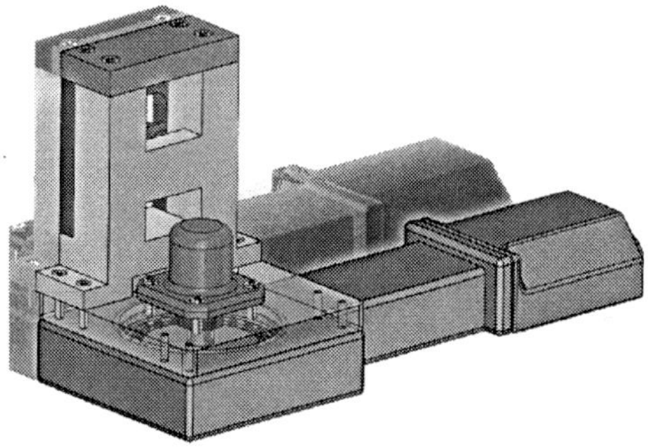

b

图 4-12　装置的转塔装置

a—装置正面；b—装置背面

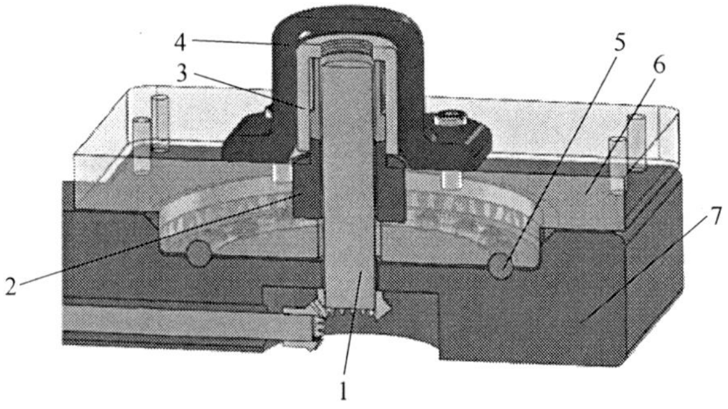

图 4-13　新型 EVC 装置的转塔

1—齿轮轴；2—端面凸轮；3—套筒；4—转帽；5—钢珠；6—连接板；7—转架

4.4　新型 EVC 装置的驱动机构设计

4.4.1　驱动元件的选择

新型 EVC 装置选用 PSt150/10X10/20 型压电叠堆作为驱动器，表 4-5 给出了该型号压电陶瓷的主要性能参数。

表 4-5　PSt150/10X10/20 型压电陶瓷的性能参数

方型压电陶瓷	外形尺寸 /mm × mm × mm	最大/标称位移 /μm	刚度 /N · μm⁻¹	最大推力 /N	最大负载 /N
PSt150/10X10/20	10 × 10 × 18	18/28	250	7000	1800

图 4-14a 所示为 PSt150/10X10/20 型压电叠堆驱动器及其力学特性曲线，图

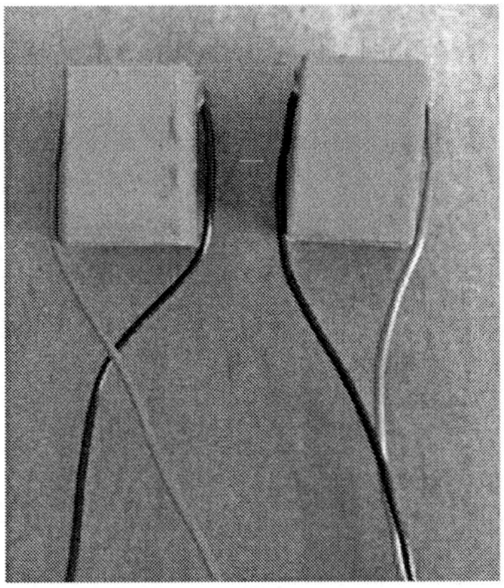

a

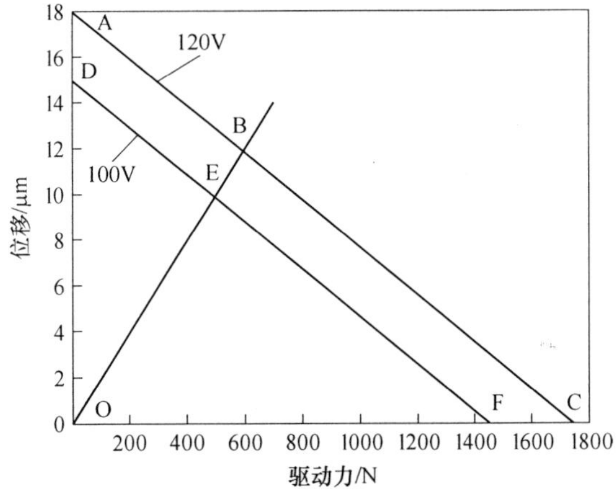

b

图 4-14　压电叠堆驱动器及其力学特性曲线
a—压电叠堆驱动器；b—力学特性曲线

4-14b 给出了驱动器的输出位移与输出驱动力之间的关系。压电叠堆的工作区域为左下方区域，OB 线是压电陶瓷驱动器在带负载工作时的输出位移与驱动力之间的关系，AC 线为驱动器在 120V 电压驱动下空载时输出位移与驱动力之间的关系，DF 线为 100V 电压驱动下空载时输出位移与驱动力之间的关系。OB 线与 AC 线和 DF 线的交点即 120V 和 100V 工作电压条件下压电叠堆驱动器的最大输出位移和最大驱动力。与压电叠堆配套的电源有 3 个输出端，可以实现 3 个叠堆同时驱动，频率为 0～3000Hz，1、2 两个通道信号相位差为 90°，1、3 两个通道信号相位差为 0°。

设压电叠堆输出的 z 向振幅为 z，当 z 向振幅达到最大时，由刀具的刀位点坐标可知，刀具的切向位移为：

$$y' = l_{OP}\left(\frac{z}{2l_{OC}}\right) \tag{4-17}$$

式中，l_{OP}为工作台到刀尖的距离；l_{OC}为驱动力作用点到工作台中心点的距离。

由于压电叠堆驱动器的外形尺寸为 10mm × 10mm × 18mm，工作台的尺寸为 40mm × 40mm × 20mm，因此，l_{OC}最大为 15mm。带入式（4-17）中，得到刀具切向振幅最大为 24μm。

4.4.2　驱动元件的预紧机构设计

压电陶瓷是通过单层陶瓷片堆叠共烧或堆叠粘接而成，对拉力非常敏感，为避免产生拉力，需要施加一定的预紧力，如图 4-15 所示为两种常用的预紧装置。图 4-15a 装置为楔块预紧，图 4-15b 装置为螺钉直接预紧，楔块预紧是通过两个角度相同的楔块产生的相对位移实现预紧。螺钉直接预紧结构相对简单，但加载不方便且可靠性差，因此本文选择楔块预紧的方式。两个楔块的材料选择 45 钢，摩擦系数为 0.15，则材料的最大自锁角度为 8.53°。选择斜面倾角为 4°，则设计楔角小于最大自锁角，符合自锁条件。

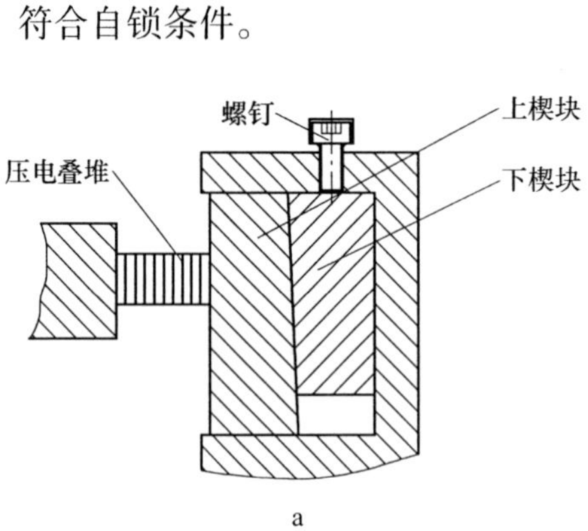

a

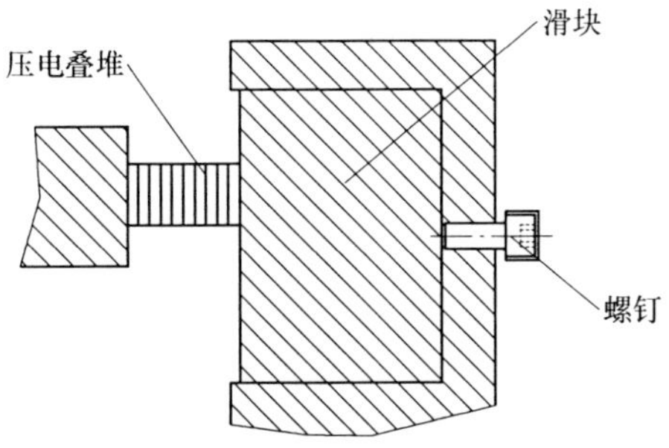

b

图 4-15 预紧机构
a—楔块预紧；b—螺钉直接预紧

4.5 加工装配

新型 EVC 装置的工作台构造简单加工方便，毛坯件为 20mm 厚的板材，将毛坯件在铣床上加工，并完成钻孔、攻螺纹等工序，最终得到的零件图如图 4-16a 所示，装配后的装置实物图如图 4-16b 所示。

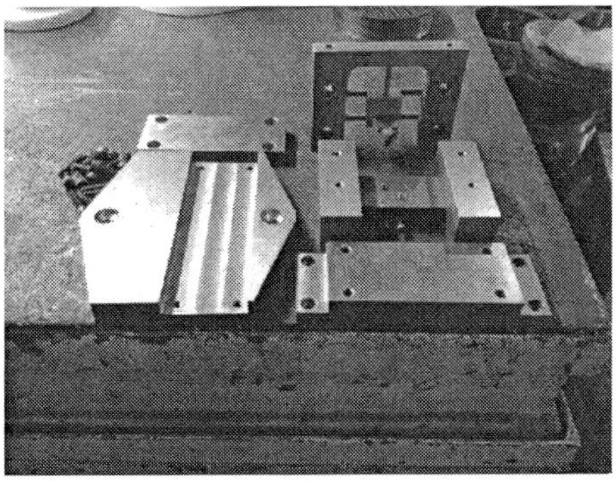

a

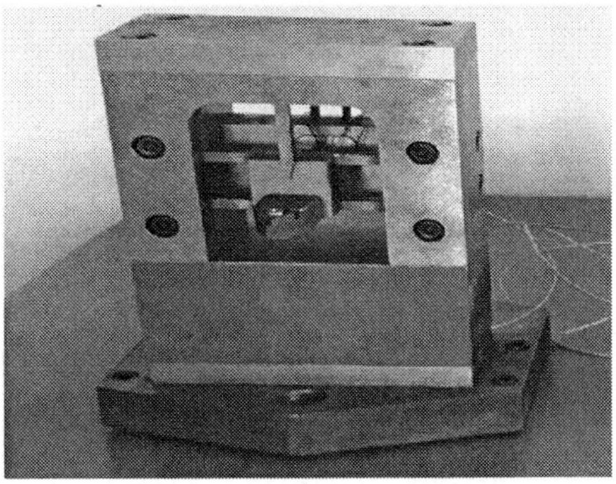

b

图 4-16 装置实物图
a—零件实物图；b—装配实物图

在装配过程中，必须特别注意底座和顶盖的安装，以免出现翘曲影响压电叠堆驱动效果，保证压电叠堆驱动器与安装面的垂直度，避免驱动器受到侧向力。

4.6　车削实验

试验工件选择 Q235，主要是考虑到 Q235 棒材的径向刚度低，车削时工件容易发生变形。且 Q235 材料的塑性较大，车削加工时容易产生积削瘤，严重影响加工表面质量。按照理论分析，新型 EVC 装置能够减小切削力，降低表面粗糙度。

根据待加工工件 Q235 的特点，选择的车刀角度如表 4-6 所示。选用日本住友 TP2500 数控车刀片，材料为硬质合金。

表 4-6　刀具几何角度

前角 γ_0/(°)	后角 α_0/(°)	主偏角 K_r/(°)	副偏角 K_r'/(°)	刃倾角 λ_s/(°)	刀尖圆角半径 r_ε/mm
15	10	90	30	0	0.2

刀片与刀杆通过偏心轴连接，为方便车刀的安装，将车刀尾部加工出螺纹孔，用双头螺柱将车刀与新型 EVC 装置固定好，并在车刀的侧面安装圆锥销，防止装置在实际加工过程中发生损坏。

选择 CA6140 车床进行试验，车床主要技术参数如表 4-7 所示。

表 4-7　试验用车床的主要技术参数

最大切削直径/mm	x 向行程/mm	y 向行程/mm	主轴转速/r · min^{-1}	主轴回转精度/μm
60	200	300	0 ~ 400	≤0.2

4.7　加工试样实验效果对比

4.7.1　实验过程

先将压电叠堆安装在新型 EVC 装置上，通过预紧机构将压电叠堆压紧，并产生足够的预紧力。再将压电叠堆的正负极与配套电源连接好，保证无虚连现象。最后将车床上原有的转塔卸除，用新型 EVC 装置代替原有转塔，并将装置固定好，不能出现松动现象。安装后的实验装置如图 4-17 所示。

图 4-17 装置与车床相连
1—压电叠堆电源；2—新型 EVC 装置；3—工件

4.7.2 新型 EVC 装置加工工件外圆表面

先用普通车刀粗车毛坯件，车削长度为 165mm，将毛坯件外圆表面的氧化皮去除，并将工件外圆表面修圆，安装好新型 EVC 装置后，打开驱动电源，频率调至 2000Hz，从左至右车削工件，车削长度为 65mm，然后关闭压电叠堆的电源，刀具继续精车工件，车削长度为 100mm。两种车削方式均采用相同的切削用量，切削用量及驱动频率如表 4-8 所示，加工好的工件表面如图 4-18b 所示。

表 4-8 切削用量及驱动频率

工件转速/r · min^{-1}	进给量/mm · r^{-1}	背吃刀量/mm	驱动频率/Hz
500	0.10	0.10	0 ~ 2000

a

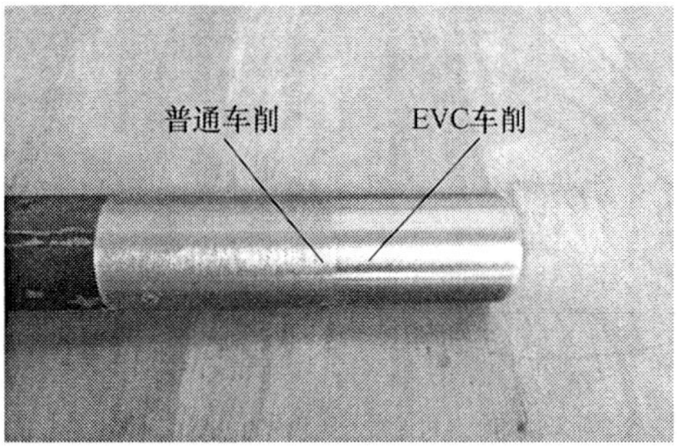

b

图 4-18　车削工件外圆表面及普通车削与 EVC 车削对比
a—车削工件外圆表面；b—普通车削与 EVC 车削对比

用光学显微镜分别观察两种车削方式在工件表面形成的纹路，结果如图 4-19 所示。

a

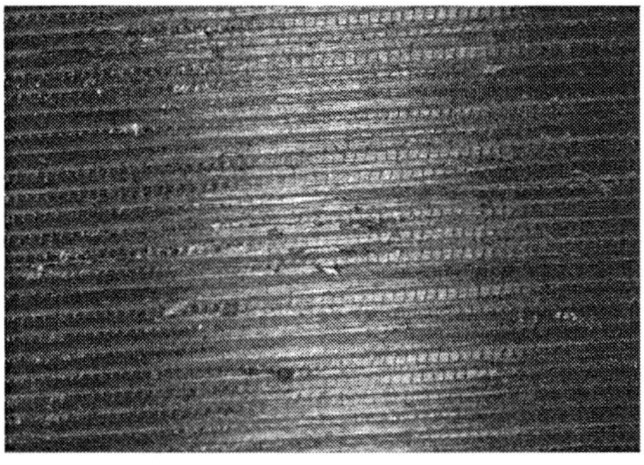

b

图 4-19　普通车削和三维椭圆振动车削表面显微图
a—普通车削；b—三维椭圆振动车削

由图 4-19a 可以看出，普通车削所形成的痕迹纹路较宽，而三维椭圆振动车削形成的痕迹纹路较细。利用粗糙度检测仪对两段外圆表面进行粗糙度检测，测试结果如图 4-20 所示。

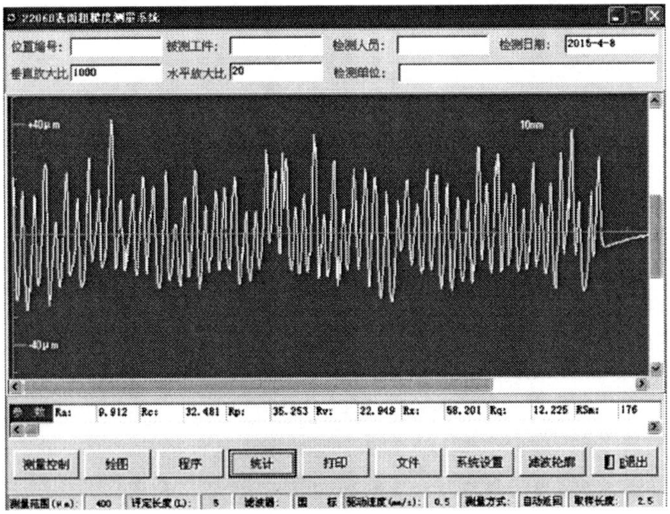

a

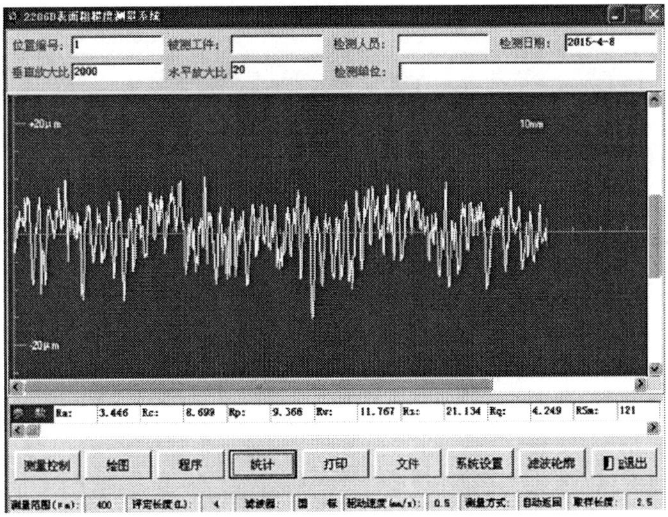

b

图 4-20 普通车削和三维椭圆振动车削粗糙度对比

a—普通车削表面粗糙度；b—三维椭圆振动车削表面粗糙度

普通车削所得表面的粗糙度为 9.912μm，三维椭圆振动车削得到的表面粗糙度为 3.446μm，三维椭圆振动车削的粗糙度比普通车削降低了 65.2%，效果显著。

为研究切削速度对工件表面粗糙度的影响规律，进行了一组加工实验，使切削速度作为唯一变量，采用相同的驱动频率、进给速度和背吃刀量，进行多次实验，得到粗糙度随切削速度的变化规律，并与普通车削的结果进行对比，结果如图 4-21 所示。

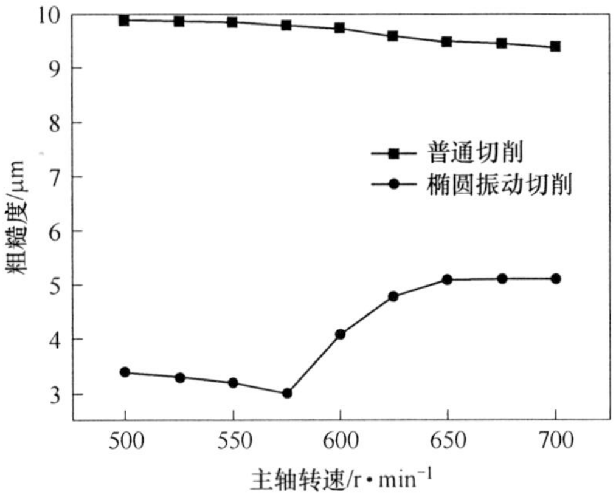

图 4-21　工件在不同切削速度车削后的粗糙度值

由此可知，工件转速在 500～700r/min 时，三维椭圆振动车削所得的工件表面质量总是优于普通车削。当工件转速在 500～575r/min 区间变化时，三维椭圆振动车削工件的表面粗糙度值随工件转速的增加而减小，但当工件转速超过 575r/min 时，三维椭圆振动车削的工件表面粗糙度有所增加。这是由于新型 EVC 装置的临界速度为 597r/min，工件转速超过临界速度，车削过程为不分离式振动车削，加工效果不明显。

取相同切削用量，改变驱动频率进行外圆车削实验，可以得到驱动频率对工件表面粗糙度的影响，结果如图 4-22 所示，切削用量及驱动频率的取值见表 4-9。

表 4-9　切削用量及驱动频率的取值

驱动频率/Hz	工件转速/$r \cdot min^{-1}$	进给速度/$mm \cdot r^{-1}$	背吃刀量/mm
0	500	0.1	0.1
250	500	0.1	0.1
500	500	0.1	0.1
1000	500	0.1	0.1
2000	500	0.1	0.1

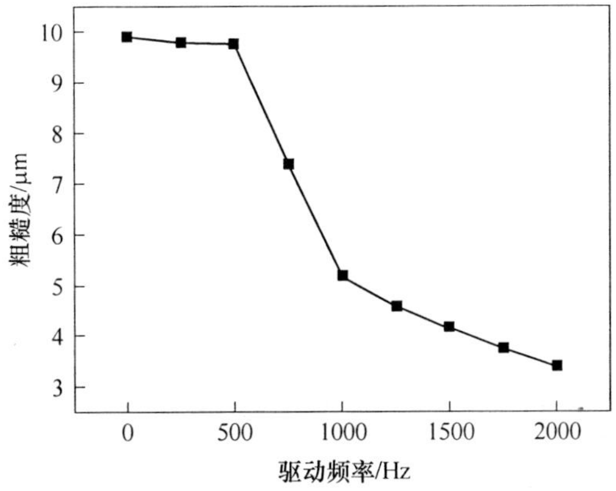

图 4-22 驱动频率对工件表面粗糙度的影响

由图 4-22 可知，工件表面粗糙度随驱动频率的增加而降低，但驱动频率在 1000Hz 以下时装置对于改善工件表面粗糙度的效果不明显。

4.8 本章小结

本章应用自由度约束拓扑理论设计了用于三维椭圆振动车削装置的柔顺机构，对柔顺机构进行了动力学分析，分析了柔顺机构的空间椭圆输出轨迹，满足设计要求。对三维椭圆振动车削装置进行了刀位计算、底盘设计、转塔设计以及驱动机构设计。用新型 EVC 装置加工 Q235 合金试样，得到的工件外圆表面粗糙度比普通车削的外圆表面低 65.2%，且车刀痕迹更细，坑点排列更均匀，证实了该柔顺机构应用于三维椭圆振动切削装置的可行性。

5　基于曲梁柔顺机构的椭圆振动切削装置设计

为研究曲梁柔顺机构的应用，在第 3 章曲梁柔顺机构综合方法的理论基础上，本章设计了一种空间曲梁柔顺机构，对柔顺机构进行了静力学和动力学分析，并将该柔顺机构应用于三维椭圆振动切削装置，仿真分析获得了预期的椭圆轨迹，验证了曲梁柔顺机构应用于椭圆振动切削装置的可行性。

5.1　曲梁柔顺机构的设计

柔顺机构采用圆弧曲梁并联的方式构型，中间工作台通过四个圆弧曲梁柔顺单元与基座相连，可实现 x 方向、y 方向和 z 方向的移动，如图 5-1 所示。

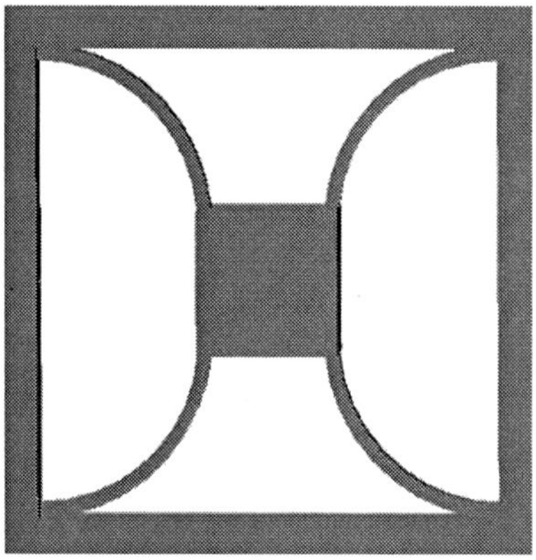

图 5-1　微位移工作台

5.2　曲梁柔顺机构刚度矩阵

图 5-1 柔顺机构中的圆弧曲梁柔顺单元如图 5-2 所示，其中四分之一圆弧的半径 $r=50\text{mm}$，横截面为长方形，沿 z 方向的厚度为 $h=6\text{mm}$，沿 x 方向的厚度 $b=4\text{mm}$，材料密度 $\rho=2770\text{kg/m}^3$，弹性模量 $E=71\text{GPa}$，泊松比 $\nu=0.33$。

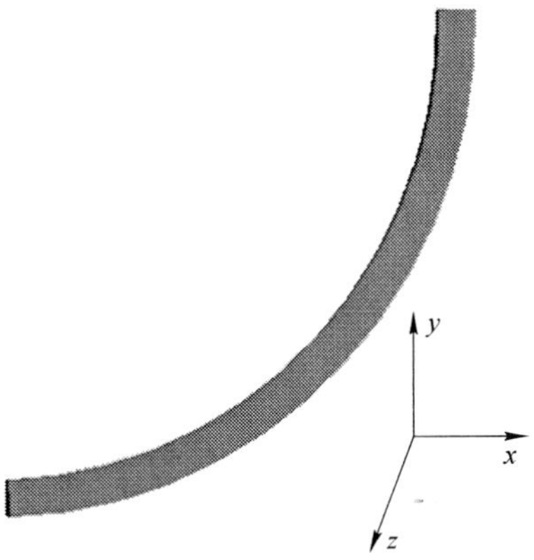

图 5-2 圆弧曲梁柔顺单元

根据式（3-18）计算出圆弧曲梁柔顺单元的柔度矩阵 $\boldsymbol{C}$ 为：

$$\boldsymbol{C}=10^{-5}\begin{bmatrix} 1.969 & 2.754 & 0 & 0 & 0 & -628.077 \\ 2.754 & 1.969 & 0 & 0 & 0 & -110.035 \\ 0 & 0 & 3.537 & 19.082 & 69.482 & 0 \\ 0 & 0 & 19.082 & 2182.843 & -411.550 & 0 \\ 0 & 0 & 69.482 & -411.550 & -2182.843 & 0 \\ -628.077 & -110.035 & 0 & 0 & 0 & 3456.858 \end{bmatrix} \tag{5-1}$$

利用公式 $\boldsymbol{K}^{(a)}=\boldsymbol{C}^{-1}$，得出圆弧曲梁柔顺单元刚度矩阵 $\boldsymbol{K}^{(a)}$ 为：

$$\boldsymbol{K}^{(a)}=\begin{bmatrix} 713533.2 & -650184.9 & 0 & 0 & 0 & -7735.1 \\ -650184.9 & 713533.2 & 0 & 0 & 0 & 10893.5 \\ 0 & 0 & 120045.2 & -183.5 & -416.7 & 0 \\ 0 & 0 & -183.5 & 75.6 & 72.7 & 0 \\ 0 & 0 & -416.7 & 72.7 & 192.2 & 0 \\ -7735.1 & 10893.5 & 0 & 0 & 0 & 235.1 \end{bmatrix} \tag{5-2}$$

则根据式（2-18），图 5-1 微位移工作台的整体刚度矩阵 $\boldsymbol{K}_{\mathrm{TW}}$ 为：

$$
\boldsymbol{K}_{\mathrm{TW}}=\begin{bmatrix}
0 & 0 & -8351 & 7706 & -1459 & 0 \\
0 & 0 & 3 & -1459 & 3063 & 0 \\
21803 & 0 & 0 & 0 & 0 & 9410 \\
2855661 & 1302536 & 0 & 0 & 0 & 21803 \\
1302536 & 2855679 & 0 & 0 & 0 & 0 \\
0 & 0 & 482630 & -8351 & 3 & 0
\end{bmatrix} \tag{5-3}
$$

5.3 曲梁微位移工作台的有限元分析

5.3.1 曲梁微位移工作台的静力学分析

采用铝合金材料，密度为 $2770\mathrm{kg/m^3}$，弹性模量为 71GPa，泊松比为 0.33。分别对 x、y、z 3 个方向施加 100N 的集中载荷，得到 x、y、z 3 个方向的变形云图和应力云图，如图 5-3 所示。

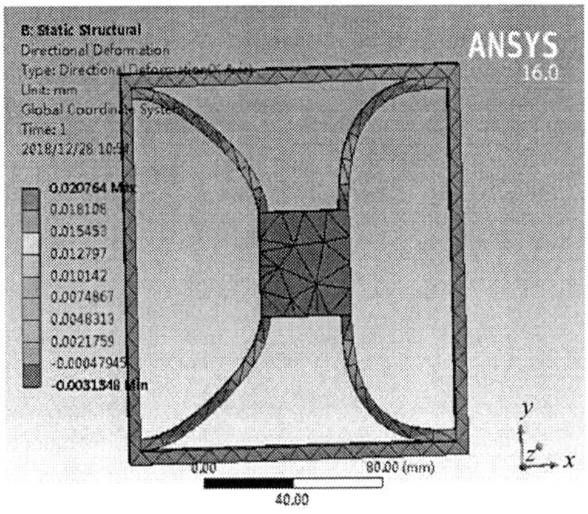

a

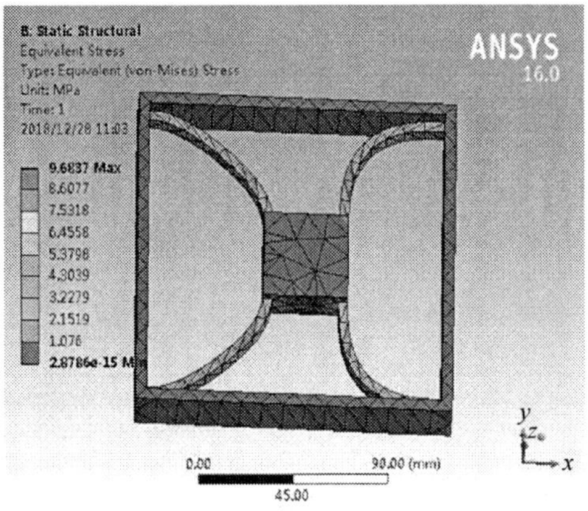

b

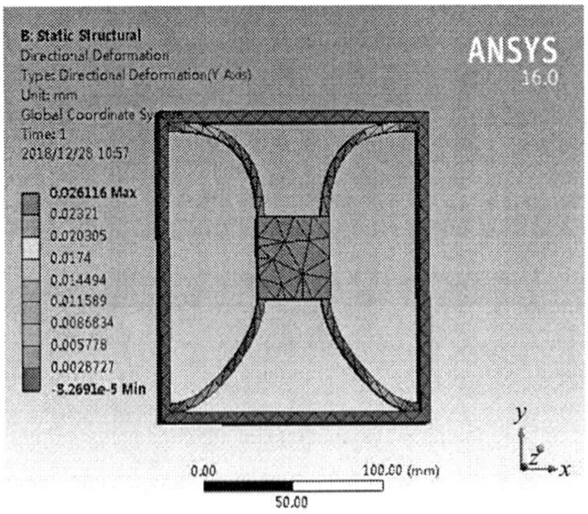

c

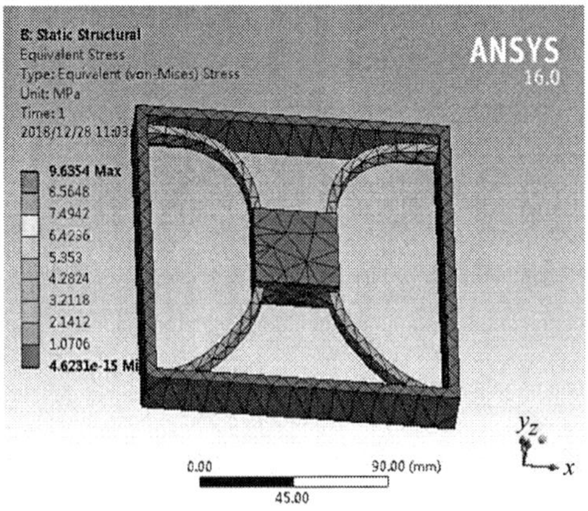

d

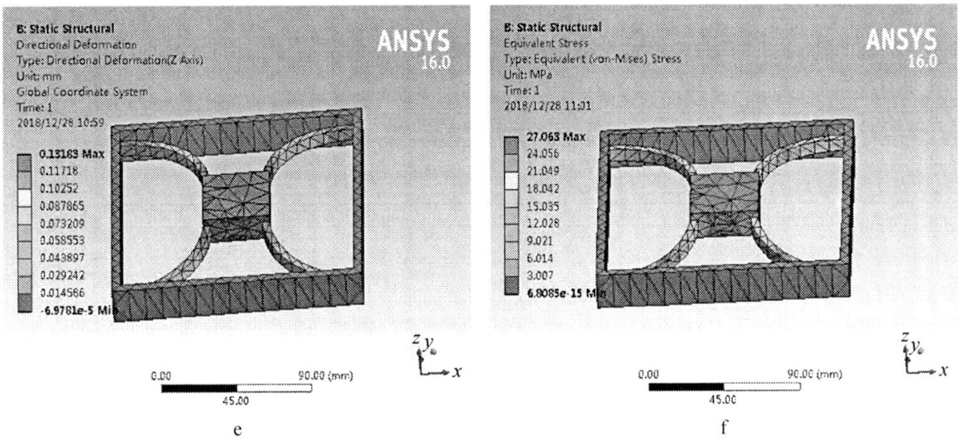

图 5-3 变形云图和应力云图

a—x 方向加载时的变形云图；b—x 方向加载时的应力云图；c—y 方向加载时的变形云图；d—y 方向加载时的应力云图；e—z 方向加载时的变形云图；f—z 方向加载时的应力云图

从图 5-3 可知，应力主要集中在曲梁柔顺单元与工作台的连接处，x 方向的最大应力为 9.6837MPa，y 方向的最大应力为 9.6354MPa，z 方向的最大应力为 27.063MPa，都在许用应力范围内。

5.3.2 曲梁微位移工作台的动力学分析

柔顺机构用于椭圆振动切削装置，其固有频率和振型等动态特性尤其重要。我们要设计的三维椭圆振动切削装置为非共振型，因此激振频率需避开固有频率。应用静力学分析中的参数，在有限元软件中对柔顺机构进行模态分析，得出了机构的前六阶模态，固有频率如表 5-1 所示，振型如图 5-4 所示。

表 5-1 模型的前六阶振动频率 (Hz)

一阶频率	二阶频率	三阶频率	四阶频率	五阶频率	六阶频率
499.69	1105.9	1295.4	1463.1	1644.3	1733.3

由振型图可知，第一阶振型工作台沿 z 轴移动，第二阶振型工作台沿 y 轴移动，第三阶振型工作台沿 x 轴移动。曲梁柔顺机构的前三阶振型刚好满足需要的 3 个平动。第一阶振型的频率为 499.69Hz，固有频率相对较高，有效地避免了共振现象，符合设计要求。

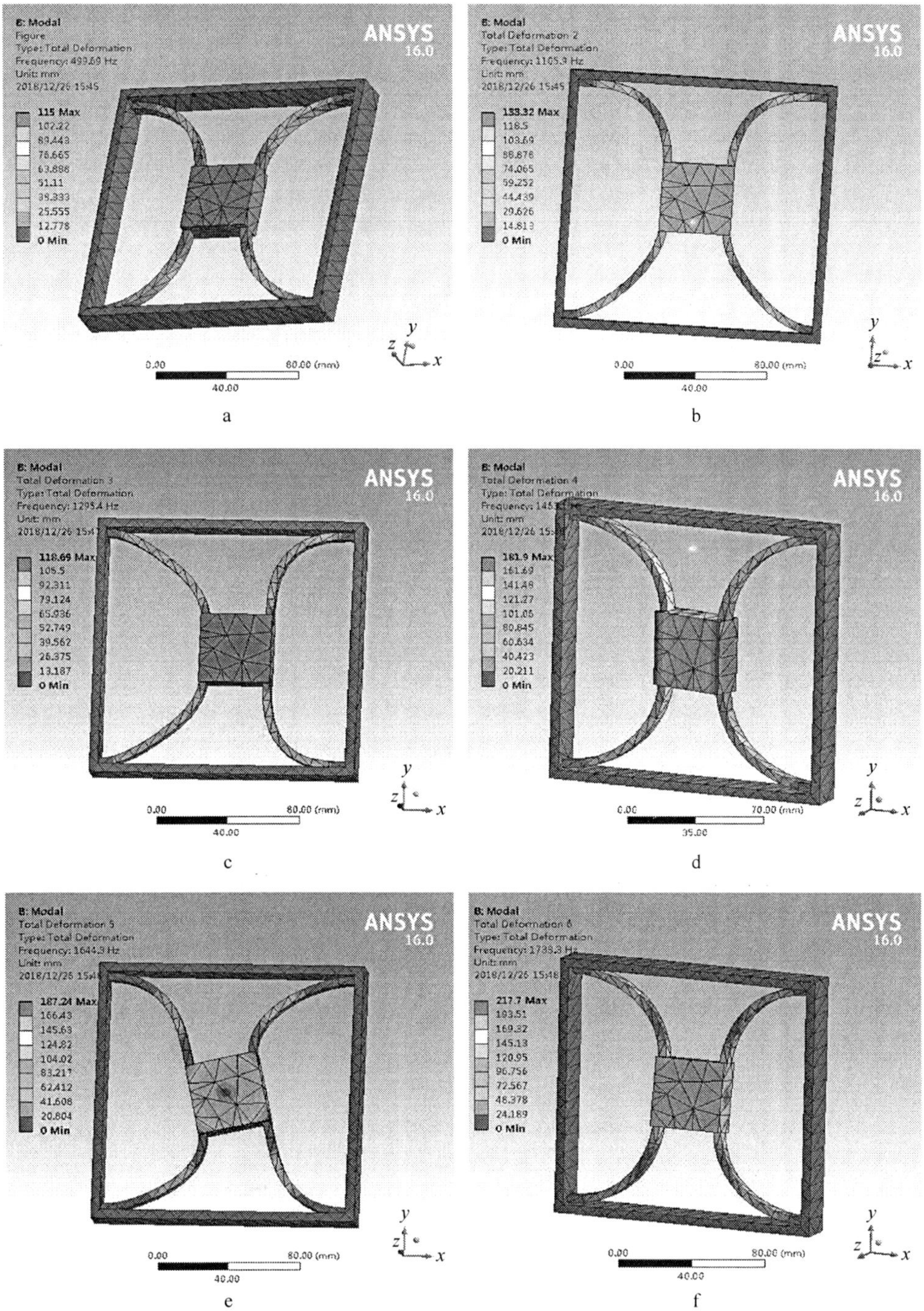

图 5-4　柔顺机构的前六阶模态

a ~ f 依次为一到六阶振型

5.4 三维椭圆振动轨迹分析

将该曲梁柔顺机构作为三维椭圆振动切削装置的执行机构，通过压电叠堆等装置施加振动，使刀具的刀位点处实现空间内的椭圆运动。如图 5-5 所示，三维椭圆切削装置由 4 个圆弧曲梁柔顺单元、微动工作台、基体、连接板、背板、基座、顶盖、夹具、金刚石刀具等零部件组成。3 个相互垂直的压电陶瓷促进器驱动工作台，实现金刚石刀具刀尖处的椭圆运动。

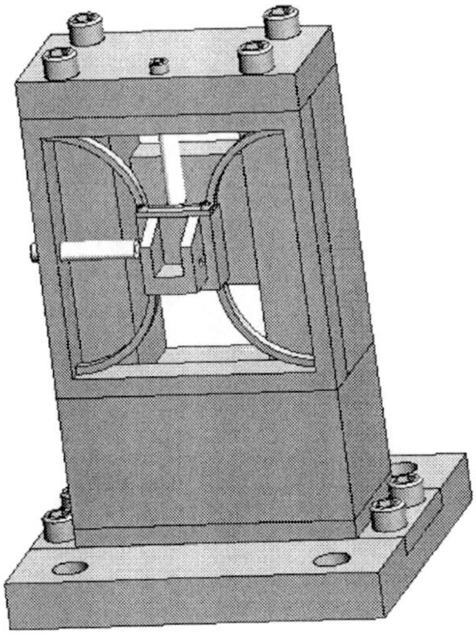

图 5-5 三维椭圆振动切削装置

对中间工作台的 x、y、z 3 个方向分别施加动态驱动力为：

$$\begin{cases} F_x(t) = V_x \sin(2\pi f t + \alpha) \\ F_y(t) = V_y \sin(2\pi f t + \beta) \\ F_z(t) = V_z \sin(2\pi f t + \gamma) \end{cases} \tag{5-4}$$

式中，V_x，V_y，V_z 为驱动力 $F_x(t)$，$F_y(t)$，$F_z(t)$ 的幅值；α，β，γ 为驱动力的初相位；f 为驱动力的频率。

通过同时调整 3 个正弦驱动力和初相位，计算出 3 个方向位移随时间变化的数据，将获得的数据导入 Matlab，得到三维椭圆轨迹如图 5-6a 所示。三维椭圆轨迹投影在 x-y 平面、y-z 平面、x-z 平面如图 5-6b ~ d 所示。

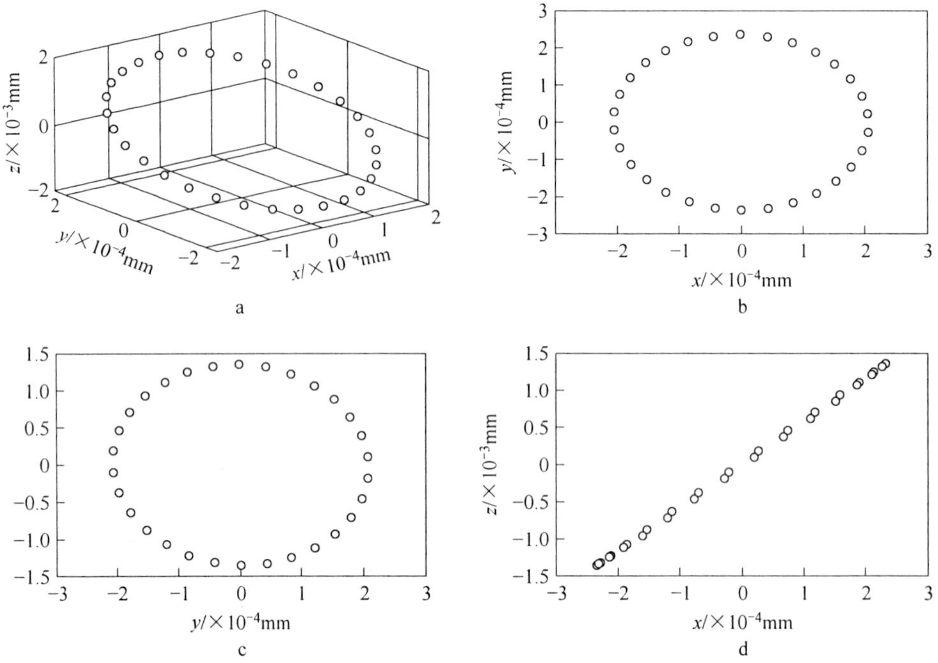

图 5-6　三维椭圆振动轨迹

a—空间轨迹；b—x-y 平面投影；c—y-z 平面投影；d—x-z 平面投影

从图 5-6b ~ d 可以看出三维椭圆轨迹投影的结果是两个平面椭圆和一条直线，验证了所设计的三维椭圆振动切削装置满足轨迹要求。

5.5　本章小结

应用圆弧曲梁柔顺单元综合了曲梁柔顺机构，对其进行了静力学和动力学分析，获得了其整体刚度矩阵、固有频率和振型等性能指标。将该机构应用于三维椭圆振动切削装置的执行机构，施加动态驱动信号，仿真获得的刀尖输出位移为空间椭圆，验证了曲梁柔顺机构应用于三维椭圆振动切削装置的可行性。

参 考 文 献

[1] Liu K, Li X P, Rahman M, et al. A study of the cutting modes in the grooving of tungsten carbide [J]. The International Journal of Advanced Manufacturing Technology, 2004, 24 (5): 321 ~ 326.

[2] Howell L L, Midha A. A loop-closure theory for the analysis and synthesis of compliant mechanisms [J]. Journal of Mechanical Design, 1996, 118 (1): 121 ~ 125.

[3] Venkiteswaran V K, Su H J. Pseudo-rigid-body models for circular beams under combined tip loads [J]. Mechanism & Machine Theory, 2016, 106: 80 ~ 93.

[4] Liu P B, Yan P. Modeling and analysis of beam flexure based double parallel guiding mechanisms: A modified pseudo-rigid-body approach [C] // ASME 2016 International Design Engineering Technical Conferences and Computers and Information in Engineering Conference. American Society of Mechanical Engineers, 2016: V05AT07A021.

[5] Jin M, Zhang X, Zhu B. Design of compliant mechanisms using a pseudo-rigid-body model based topology optimization method [C] //ASME 2014 International Design Engineering Technical Conferences and Computers and Information in Engineering Conference. American Society of Mechanical Engineers, 2014: V05AT08A030.

[6] 余跃庆, 朱舜昆. 具有单拐点大变形梁的柔顺机构伪刚体模型 [J]. 北京工业大学学报, 2015, 41 (11): 1644 ~ 1651.

[7] 于靖军. 全柔性机器人机构分析及设计方法研究 [D]. 北京航空航天大学, 2002.

[8] Gao Z, Zhang D. Design, analysis and fabrication of a multidimensional acceleration sensor based on fully decoupled compliant parallel mechanism [J]. Sensors and Actuators A: Physical, 2010, 163 (1): 418 ~ 427.

[9] 梁济民. 基于柔顺机构的空间六自由度微位移精密定位平台研究 [D]. 华南理工大学, 2012.

[10] Ananthasuresh G K, Kota S. Design and fabrication of microelectromechanical systems [J]. Proceeding of ASME Mechanism Conference, 1992, 45: 251 ~ 258.

[11] Jin M, Zhang X. A new topology optimization method for planar compliant parallel mechanisms [J]. Mechanism & Machine Theory, 2016, 95: 42 ~ 58.

[12] Gaynor A T, Meisel N A, Williams C B, et al. Multiple-material topology optimization of compliant mechanisms created via polyjet three-dimensional printing [J]. Journal of Manufacturing Science & Engineering, 2014, 136 (6): 061015.

[13] Cao L, Dolovich A T, Zhang W J. Hybrid compliant mechanism design using a mixed mesh of flexure hinge elements and beam elements through topology optimization [J]. Journal of Mechanical Design, 2015, 137 (9) .

[14] Huang X, Li Y, Zhou S W, et al. Topology optimization of compliant mechanisms with desired structural stiffness [J]. Engineering Structures, 2014, 79: 13 ~ 21.

[15] Guo Z L, Teo T J, Yang G, et al. Integrating mechanism synthesis and topological optimization technique for stiffness-oriented design of a three degrees-of-freedom flexure-based parallel mech-

anism [J]. Precision Engineering, 2015, 39: 125 ~ 133.

[16] 张宪民，胡凯，王念峰，等. 基于并行策略的多材料柔顺机构多目标拓扑优化 [J]. 机械工程学报，2016，52 (19): 1 ~ 8.

[17] Hopkins J B, Culpepper M L. Synthesis of multi-degree of freedom, parallel flexure system concepts via freedom and constraint topology (FACT) [J]. Part Ⅰ: Principles. Prec. Eng. 2010, 34: 259 ~ 270.

[18] Hopkins J B, Culpepper M L. Synthesis of precision serial flexure systems using freedom and constraint topologies (FACT) [J]. Precision Engineering, 2011, 35 (4): 638 ~ 649.

[19] Hopkins J B, Rivera J, Kim C, et al. Synthesis and analysis of soft parallel robots comprised of active constraints [J]. Journal of Mechanisms & Robotics, 2015, 7 (1): 011002.

[20] Su H J. Mobility analysis of flexure mechanisms via screw algebra [J]. Journal of Mechanisms & Robotics, 2011, 3 (4): 041010.

[21] Yu J, Li S, Su H J, et al. Screw theory based methodology for the deterministic type synthesis of flexure mechanisms [J]. Journal of Mechanisms & Robotics, 2011, 3 (3): 1194 ~ 1204.

[22] Telleria M J. Design rules and models for the synthesis and optimization of cylindrical flexures [D]. Massachusetts Institute of Technology, 2013.

[23] Matloff L Y. Design and optimization of x-y- [theta] z, cylindrical flexure stage [D]. 2013.

[24] Berselli G, Rad F P, Vertechy R, et al. Comparative evaluation of straight and curved beam flexures for selectively compliant mechanisms [C] // IEEE/ASME International Conference on Advanced Intelligent Mechatronics. IEEE, 2013: 1761 ~ 1766.

[25] Rad F P, Berselli G, Vertechy R, et al. Design and stiffness analysis of a compliant spherical chain with three degrees of freedom [J]. Precision Engineering, 2017, 47: 1 ~ 9.

[26] Rad F P, Vertechy R, Berselli G, et al. Analytical compliance analysis and finite element verification of spherical flexure hinges for spatial compliant mechanisms [J]. Mechanism & Machine Theory, 2016, 101: 168 ~ 180.

[27] Cappelleri D J, Piazza G, Kumar V. A two dimensional vision-based force sensor for microrobotic applications [J]. Sensors & Actuators A Physical, 2011, 171 (2): 340 ~ 351.

[28] Wang N F, Ling X H, Zhang X M. Pseudo-rigid-body model for corrugated cantilever beam used in compliant mechanisms [J]. Chinese Journal of Mechanical Engineering, 2014, 27 (1): 122 ~ 129.

[29] 孙炜. 新型大行程柔顺并联机构理论与实验研究 [D]. 华南理工大学，2014.

[30] 李庚. 空间大挠度梁的变形计算及其在空间柔顺机构建模中的应用 [D]. 西安电子科技大学，2016.

[31] Zhang G, Alberdi R, Khandelwal K. Analysis of three-dimensional curved beams using isogeometric approach [J]. Engineering Structures, 2016, 117: 560 ~ 574.

[32] Hughes T J R, Cottrell J A, Bazilevs Y. Isogeometric analysis: CAD, finite elements, NURBS, exact geometry and mesh refinement [J]. Computer Methods in Applied Mechanics & Engineering, 2005, 194 (194): 4135 ~ 4195.

[33] Duvigneau R. An introduction to isogeometric analysis with application to thermal conduction

[J]. Townsend Letter for Doctors & Patients, 2012, 41 (August): 218 ~ 225.

[34] Yu T, Yin S, Bui T Q, et al. NURBS-based isogeometric analysis of buckling and free vibration problems for laminated composites plates with complicated cutouts using a new simple FSDT theory and level set method [J]. Thin-Walled Structures, 2016, 101: 141 ~ 156.

[35] Park B U, Seo Y D, Sigmund O, et al. Shape optimization of the stokes flow problem based on isogeometric analysis [J]. Structural & Multidisciplinary Optimization, 2013, 48 (5): 965 ~ 977.

[36] Shamoto E, Moriwaki T. Ultrasonicprecision diamond cutting of hardened steel by applying ultrasonic elliptical vibration cutting [J]. Annuals of CIPR 1999 (1).

[37] Shamoto E, Moriwaki T. Study on elliptical vibration cutting [J]. Annals of the CIRP 1994, 43: 35 ~ 38.

[38] Shamoto E, Moriwaki T. Ultrasonic precision diamond cutting of hardened steel by applying ultrasonic elliptical vibration cutting [J]. Annals of CIRP 48 (1999) 441 ~ 444.

[39] 隈部淳一郎. 超声波振动切削加工法 [J]. 1957 (1).

[40] Weber H, Herberger J, Pilz R. Turning of machinable glass ceramics with an ultrasonically vibrated tool [J]. CIRP Annals-Manufacturing Technology, 1984, 3 (1): 85 ~ 87.

[41] Shamoto E, Suzuki N, Tsuchiya E, et al. Development of 3 DOF ultrasonic vibration tool for elliptical vibration cutting of sculptured surfaces [J]. CIRP Annals-Manufacturing Technology, 2005, 54 (1): 321 ~ 324.

[42] Shamoto E, Suzuki N, Hino R. Analysis of 3D elliptical vibration cutting with thin shear plane model [J]. CIRP Annals-Manufacturing Technology, 2008, 57 (1): 57 ~ 60.

[43] Ma C, Shamoto E, Moriwaki T, et al. Suppression of burrs in turning with ultrasonic elliptical vibration cutting [J]. International Journal of Machine Tools & Manufacture, 2005, 45 (11): 1295 ~ 1300.

[44] Liu K, Li X P, Rahman M, et al. Study of ductile mode cutting in grooving of tungsten carbide with and without ultrasonic vibration assistance [J]. The International Journal of Advanced Manufacturing Technology, 2004, 24 (5): 389 ~ 394.

[45] Zhu W, Xing Y, Ehmann K F, et al. Ultrasonic elliptical vibration texturing of the rake face of carbide cutting tools for adhesion reduction [J]. The International Journal of Advanced Manufacturing Technology, 2016, 85 (9): 2669 ~ 2679.

[46] Tan R, Zhao X, Zou X, et al. A novel ultrasonic elliptical vibration cutting device based on a sandwiched and symmetrical structure [J]. The International Journal of Advanced Manufacturing Technology, 2018, 97 (1): 1397 ~ 1406.

[47] Kim G D, Loh B G. An ultrasonic elliptical vibration cutting device for micro V-groove machining: Kinematical analysis and micro V-groove machining characteristics [J]. Journal of Materials Processing Tech., 2007, 190 (1): 181 ~ 188.

[48] Kim G D, Loh B G. Characteristics of chip formation in micro V-grooving using elliptical vibration cutting [J]. Journal of Micromechanics and Microengineering, 2007, 17 (8): 1458 ~ 1466.

[49] Kim G D, Loh B G. Characteristics of elliptical vibration cutting in micro V-grooving with variations in the elliptical cutting locus and excitation frequency [M]. 2007.

[50] Loh B G, Kim G D. Correcting distortion and rotation direction of an elliptical trajectory in elliptical vibration cutting by modulating phase and relative magnitude of the sinusoidal excitation voltages [J]. Proceedings of the Institution of Mechanical Engineers, Part B: Journal of Engineering Manufacture, 2012, 226 (5): 813 ~ 823.

[51] Kim G D, Loh B G. Machining of micro-channels and pyramid patterns using elliptical vibration cutting [J]. The International Journal of Advanced Manufacturing Technology, 2010, 49 (9): 961 ~ 968.

[52] Kim H, Kim S, Lee K, et al. Development of a programmable vibration cutting tool for diamond turning of hardened mold steels [J]. The International Journal of Advanced Manufacturing Technology, 2009, 40 (1): 26 ~ 40.

[53] 王立江. 超声波振动切削不分离区的三种状态 [J]. 中国科学（A辑）, 1992 (3).

[54] 隈部淳一郎. 振动切削 [M]. 东京: 实教出版株式会社, 1979: 34.

[55] 左成明. 二维椭圆振动辅助自由曲面金刚石车削装置及路径规划的研究 [D]. 吉林大学, 2018.

[56] 闫贺亮. 非共振型椭圆振动装置及运动控制研究 [D]. 吉林大学, 2016.

[57] 刘扬. 微结构表面非共振椭圆振动车削 [D]. 吉林大学, 2015.

[58] Shamoto E, Suzuki N, Hino R. Analysis of 3D elliptical vibration cutting with thin shear plane model [J]. CIRP Annals-Manufacturing Technology, 2008, 57 (1): 57 ~ 60.

[59] Kurniawan R, Ko T J. Surface topography analysis in three-dimensional elliptical vibration texturing (3D-EVT) [J]. The International Journal of Advanced Manufacturing Technology, 2019.

[60] Ma J, Ma C, Shamoto E, et al. Analysis of regenerative chatter suppression with adding the ultrasonic elliptical vibration on the cutting tool [J]. Precision Engineering, 2011, 35 (2): 329 ~ 338.

[61] Wang Y, Suzuki N, Shamoto E, et al. Investigation of tool wear suppression in ultraprecision diamond machining of die steel [J]. Precision Engineering, 2011, 35 (4): 677 ~ 685.

[62] Suzuki N, Yokoi H, Shamoto E. Micro/nano sculpturing of hardened steel by controlling vibration amplitude in elliptical vibration cutting [J]. Precision Engineering, 2011, 35 (1): 44 ~ 50.

[63] Han J, Lin J, Li Z, et al. Design and computational optimization of elliptical vibration-assisted cutting system with a novel flexure structure [J]. IEEE Transactions on Industrial Electronics, 2019, 66 (2): 1151 ~ 1161.

[64] 王刚. 一种三维椭圆振动金刚石切削装置的研制 [D]. 吉林大学, 2012.

[65] 刘培会. 一种三维椭圆振动切削装置的研制 [D]. 吉林大学, 2013.

[66] 卢明明. 三维椭圆振动辅助切削装置及控制的研究 [D]. 吉林大学, 2014.

[67] 宋云. 三维椭圆振动辅助切削系统研究与开发 [D]. 南京航空航天大学, 2017.

[68] Hopkins J B. Design of flexure-based motion stages for mechatronic systems via freedom, actuation and constraint topologies (FACT) [D]. Massachusetts Institute of Technology, 2010.

[69] Hopkins J B, Culpepper M L. Synthesis of multi-degree of freedom, parallel flexure system concepts via freedom and constraint topology (FACT) [J]. Part Ⅰ: Principles. Prec. Eng. 2010, 34: 259 ~ 270.

[70] Hopkins J B, Culpepper M L. Synthesis of precision serial flexure systems using freedom and constraint topologies (FACT) [J]. Precision Engineering, 2011, 35 (4): 638 ~ 649.

[71] Hopkins J B, Rivera J, Kim C, et al. Synthesis and analysis of soft parallel robots comprised of active constraints [J]. Journal of Mechanisms & Robotics, 2015, 7 (1): 011002.

[72] 徐芝纶. 弹性力学简明教程 [M]. 北京: 高等教育出版社, 2013.

[73] 贾晓辉, 田延岭, 张大卫. 基于虚功原理的 3-RRPR 柔性精密定位工作台动力学分析 [J]. 机械工程学报, 2011, 47 (1): 68 ~ 74.

[74] 赵现朝. Stewart 结构六维力传感器设计理论与应用研究 [D]. 燕山大学, 2003.

[75] 李庆扬, 王能超, 易大义. 数值分析 [M]. 武汉: 华中科技大学出版社, 2006: 191 ~ 193.

[76] 熊有伦. 机器人力传感器的各向同性 [J]. 自动化学报, 1996, 22 (1): 10 ~ 18.

[77] 张景柱, 徐诚, 郭凯. 基于灵敏度指标的 Stewart 型六维力传感器结构参数设计 [J]. 南京理工大学学报 (自然科学版), 2008, 32 (2): 135 ~ 139.

[78] 张文志, 韩清凯, 刘亚忠, 等. 机械结构有限元分析 [M]. 哈尔滨: 哈尔滨工业大学出版社, 2006: 142 ~ 147.

[79] Daryl L Logan. A first course in the finite element method [M]. Beijing: Publishing House of Electronics Industry, 2003.

[80] 施光燕, 钱伟懿, 庞丽萍. 最优化方法 [M]. 北京: 高等教育出版社, 2007: 105 ~ 106.

[81] 密兴峰, 汪峥. 基于响应面方法的航空发动机装配系统的多目标性能优化 [J]. 工业控制计算机, 2013, 26 (4): 97 ~ 99.

[82] 郭惠昕, 张龙庭, 罗佑新, 等. 多目标模糊优化设计的理想点法 [J]. 机械设计, 2001, 18 (8): 2, 18 ~ 20.

[83] 葛荣雨, 李世伟, 刘莉. 柔性凸轮曲线的 NURBS 表达与多目标遗传算法优化 [J]. 农业机械学报, 2008, 39 (2): 155 ~ 158.

[84] 刘鸿文. 材料力学Ⅰ [M]. 北京: 高等教育出版社, 2010: 6.

[85] 工程中的振动问题 [M]. 北京: 人民铁道出版社, [美] 铁摩辛柯 (S. Timoshenko) 编, 1978.

[86] Bruhns D I O T. Advanced mechanics of solids [J]. 2004, 57 (2): 821.

[87] 杨海霞, 章青, 邵国建. 计算力学基础 [M]. 江苏: 河海大学出版社, 2004.

[88] 王勖成. 有限单元法 [M]. 北京: 清华大学出版社, 2003.

[89] 刘磊, 许克宾. 曲杆结构非线性分析中的直梁单元和曲梁单元 [J]. 铁道学报, 2001 (6): 72 ~ 76.

[90] 王兵. 金属切削手册 [M]. 北京: 化学工业出版社, 2015.